U0381181

## 内容简介

本示范培训教材是在总结农业生产过程中的实际问题以及近年来农业科技新成果的基础上编写而成的。

本教材主要介绍耕整地机械、播种机械、栽植机械、植物保护机械、排灌机械、谷物收获机械、谷物清选与干燥机械、农副产品加工机械等常见机械的相关知识及技能，包括特点、构造、使用要点、故障维修与排除等内容。教材把常用的 9 类农业机械划分为 9 个单元，每个单元以该类机械实际使用过程中典型工作内容设定若干项目。本教材有利于学员理解以及掌握相关内容，有利于农业生产人员工作过程中熟练使用相关机械并根据当地情况选择适合的机械，推动当地农业机械化的推广。

新型职业农民示范培训教材

# 农机推广应用新技术

袁水珍　主编

中国农业出版社

## 本册编写人员

**主　编**　袁水珍

**副主编**　乔延丹

**编　者**（按姓名笔画排序）

王　斌　乔延丹　刘德华　孙海霞
李涛杰　张金龙　张晶晶　周靖博
袁水珍　薛建新

# 出版说明

发展现代农业，已成为农业增效、农村发展和农民增收的关键。提高广大农民的整体素质，培养造就新一代有文化、懂技术、会经营的新型职业农民刻不容缓。没有新农民，就没有新农村；没有农民素质的现代化，就没有农业和农村的现代化。因此，编写一套融合现代农业技术和社会主义新农村建设的新型职业农民示范教材迫在眉睫，意义重大。

为配合《农业部办公厅　财政部办公厅关于做好新型职业农民培育工作的通知》，按照“科教兴农、人才强农、新型职业农民固农”的战略要求，以造就高素质新型农业经营主体为目标，以服务现代农业产业发展和促进农业从业者职业化为导向，着力培养一大批有文化、懂技术、会经营的新型职业农民，为农业现代化提供强有力的人才保障和智力支撑，中国农业出版社组织了一批一线专家、教授和科技工作者编写了“新型职业农民示范培训教材”丛书，作为广大新型职业农民的示范培训教材，为农民朋友提供科学、先进、实用、简易的致富新技术。

本系列教材共有29个分册，分两个体系，即现代农业技术体系和社会主义新农村建设体系。在编写中充分体现现代教育培训“五个对接”的理念，主要采用“单元归类、项目引领、任务驱动”的结构模式，设定“学习目标、知识准备、任务实施、能力转化”等环节，由浅入深，循序渐进，直观易懂，科学实用，可操作性强。

我们相信，本系列培训教材的出版发行，能为新型职业农民培养及现代农业技术的推广与应用积累一些可供借鉴的经验。

因编写时间仓促，不足或错漏在所难免，恳请读者批评指正，以资修订，我们将不胜感激。

2017-06-20

# 目 录

# 单元一

# 耕整地机械

## 项目一 概 述

### 知识目标

1. 了解耕整地机械的发展状况。
2. 了解耕整地机械的类型。
3. 了解耕地作业和整地作业的要求及其质量检查。

### 技能目标

1. 能够正确按照耕地作业的要求对土壤进行耕地，并且能检查其耕地质量。
2. 能够正确按照整地作业的要求对土壤进行整地，并且能检查其整地质量。

耕整地机械是指在为农作物准备好种植场地而对土壤进行机耕地和整地的作业过程中所使用的机械，包括耕地机械和整地机械。耕整地的目的是疏松土壤，改善土壤结构，提高土壤肥力，为下一步农作物的播种、秧苗栽植创造良好的生长条件，以实现农业稳产增产。由于耕整地技术及装备在人类农耕史上和现代农业进程中占有极其重要的地位，因此，世界各国的耕整地机械在不断更新发展。

### 一、耕作机械的发展现状

#### （一）国外耕作机械的发展状况

近年来，一些发达国家不断将顶尖的高新技术应用到农业机械上来，不断推动农业机械向更高层次发展。目前，国外耕作机械的发展趋势主要有以下几个方面。

**1. 向智能化、自动化方向发展** 先进制造工艺、新材料的出现以及电子技术、通信技术等的进步，液压、电子以及自动控制等技术在耕整地机械上得到了广泛应用。许多耕整地机械的操纵控制都可通过液压系统自动或半自动完成，如机具升降、安全器复位、耕深控制、双向犁换向等。圆盘耙可应用液压对其进行控制，圆盘耙组偏角的调整可由液压油缸来实现，同时也可根据农艺要求、土壤条件在作业时调节偏角，减轻劳动强度。采用微电脑技术可实现耕深的预调，自动控制、升降位置和速度的预选以及自动控制、倒车时自动提升的安全保障等，操作十分简便。

**2. 向标准化、系列化方向发展** 发达国家基本上实现了耕整地机械的标准化、系列化生产，通用度高，能以标准化工作部件组装成多种型号的产品，降低了生产成本，满足了不同需要。例如，美国约翰迪尔公司生产的耕耘机，同类工作部件可组成19种型号，与67.7～230kW拖拉机配套使用。日本专业生产大中型耕作机械的松山株式会社和小桥工业株式会社，其产品多达50多个系列200多个品种，仅驱动耙产品就有30多个系列100多个品种。

**3. 向宽幅大型化、高效联合化方向发展** 随着发达国家的大功率拖拉机的出现，与其配套的耕整地机械也随之向宽幅大型化、高效联合化方向发展，为联合作业机具的发展创造了条件。这既可减少作业次数，节约人工，减少能耗，争取农时等，还有利于保持土壤的水分和湿度，从而达到农作物稳产高产的目的。例如，旋耕机向宽幅、深耕、变速、多功能方向发展，与大功率拖拉机配套的旋耕机幅宽达5m以上，作业速度达20km/h。日本松山和小桥公司制造出了可折叠的宽幅水田驱动耙，配套动力为25.7～47.8kW，作业幅宽达3.0～4.2m，行驶或入库时机体可对折，将幅宽缩至1.8m；德国U155/4型耕-耙联合机具一次作业可完成犁耕及耕后表层碎土。

### （二）我国耕整地机械的发展现状

耕整地机械一直以来为我国科研单位和生产企业研发生产的焦点。经过多年发展，农机生产企业能够生产满足需要的各类农机具，基本满足了我国耕整地机械化的需要，并实现部分出口。但是与国外相比，我国耕作机械的研究开发仍然存在着较大的差距。因此，必须正视这种现状，努力发展我国的耕作机械。

**1. 大中小型并存，小型机具仍占主流** 我国国土以丘陵、山地为主。田块零散狭小、耕地细碎化、使用权分散、交通不便导致机械无法下地等是现有耕地存在的问题，这种现状决定了我国小型农业机械在相当长时间内仍占据主导地位。目前，耕整机、微耕机、18.4kW以下四轮拖拉机配套的小型耕整机具以及手扶拖拉机配套的农机具，在山区、水田及北方广大农户的机械耕作中，起到重要作用。到2010年底，全国大中型拖拉机配套机具达到612.86万部，小型拖拉机配套农具2 992.55万台。另外，农村劳动力以及机具价格因素也是小型耕整地机具占主流的重要原因。

**2. 大中型联合耕整机发展较快**　随着农业生产规模的扩大、农民经济实力的增强和动力功率的提高，大中型联合耕整机因具有抢农时、降低能耗、减少机具多次下地造成的有害压实、提高机组作业效率等优点，最近一个时期在国内得到较快的发展。尤其是2004年以来，国家实施了农机购置补贴政策，使农民购买大中型农机具的愿望得以实现。到2010年底，全国拖拉机保有量达2 177.96万台，大中型拖拉机392.17万台。大中型拖拉机的销量由2004年的9.4万台增长到2010年的31.5万台，销量保持快速增长。以旋耕机为主体的联合作业机已生产出60多种规格不同型号的产品，年产量为1.5万～2万台。

**3. 保护性耕作机具得到发展**　近些年，我国逐步出现了以少耕、免耕、保水耕作等为主的一系列保护性耕作方法。保护性耕作是相对于传统翻耕的一种新型耕作技术，对农田实行免耕、少耕、保水耕作和地表灭茬等，尽可能减少土壤耕作，并用作物秸秆、残茬覆盖地表，防止水土流失，提高土壤肥力和抗旱能力的一项先进农业耕作技术。尤其在北方干旱半干旱地区，保护性耕作成为农机技术推广部门首推的技术。在政府推动和市场需求的双重因素作用下，保护性耕作面积逐年增加，相关配套机具的需求进一步增加。

秸秆、根茬粉碎还田机成为近年来推广最快的产品。以锤爪和甩刀为主要部件的秸秆粉碎还田机在北方旱作区广泛应用，产品向宽幅和联合作业方向发展，可一次完成粉碎根茬、旋耕土层等表土联合作业。在未留茬地的免耕播种中，我国多采用锐角（尖角）式开沟器的小型免耕播种机；而在留茬地或秸秆粉碎覆盖地上，一般采用机械式或气吸式排种器及附加装置进行免耕播种。

### （三）常规耕整地机械的类型

耕整地机械的种类较多，根据耕作的深度和用途可分为两大类：一是耕地机械，它是对整个耕作层进行耕作的机具；二是整地机械，即对耕作后的浅层表土再进行耕作的机具。耕整地机械既能进行单项作业，也能使用联合作业机具进行多项作业。

**1. 耕地机械**　机械耕地作业包括翻土、松土、掩埋杂草、施肥等，其目的就是在传统的农业耕作栽培制度中通过深耕和翻扣土壤，把作物残茬、病虫害以及遭到破坏的表土层深翻，使得到长时间恢复的低层土壤翻到地表，以利于消灭杂草和病虫害，改善作物的生长环境。

**2. 整地机械** 整地机械作业包括耕后播前对表层土壤进行的松碎、平整、开沟、作畦、起垄、镇压等作业。其目的是松碎土壤，平整地表，压实表土，混合化肥、除草剂，以及机械除草等，为播种、插秧及作物生长创造良好的土壤条件。

## 二、耕整地机械作业要求及其质量检查

由于各地的自然条件、作物种类和耕作、种植制度的不同，所以耕整地机械作业的要求也完全不一样。

### （一）耕地作业的一般要求

**1. 适时耕翻** 在土壤适宜耕作的农时期限内适时完成作业。

**2. 严密翻盖** 耕后地面杂草、肥料及残茬应充分埋入土壤底层。

**3. 良好翻垡** 无立垡，回垡，耕后土层蓬松。

**4. 深耕一致** 地表、地沟应平整。要求不漏耕，不重耕，地头平整，垄沟少且小，无剩边剩角。

### （二）耕地作业质量的检查方法

耕地质量检查的内容主要包括耕深是否合适，耕后地面是否平整，土垡翻转及肥料与残茬的覆盖是否严密，是否漏耕或重耕，地头是否整齐等。

**1. 耕深检查** 主要检查犁耕过程和耕后。犁耕过程中的检查主要是检查沟壁是否直，可用直尺测量耕深是否达到规定的深度。耕后检查，应先在耕区沿对角线选取 20 个点，用直尺插到沟底来测量深度，实际耕深约为测量耕深的 80%。

**2. 耕幅检查** 只有在犁耕过程中进行检查实际耕幅。先自犁沟壁向未耕地量一定距离，做上标记，待耕犁后，再测新沟壁到记号处的距离。实际耕幅即为两距离之差。

**3. 地表面平整性检查** 在地表平整性检查时，首先沿着耕地的方向检查沟、垄及翻垡等的情况。除开墒和收墒处的沟垄外，还要注意每个耕幅的接合处。如接合处高起，说明两程之间有重耕；接合处低洼，说明有漏耕。

**4. 地表覆盖检查** 主要检查残茬、杂草、农家肥覆盖是否严实。要求其覆盖有一定的深度，最好在 10cm 以下或翻至沟底。

**5. 地头地边检查** 主要检查地边是否整齐，有无漏耕边角。

### （三）整地作业的一般要求

（1）整地应及时，有利于防旱保墒。

（2）工作深度应适宜、一致。

（3）整地后耕层土壤应具有松软的表土层和适宜的紧密度。

(4) 整地后地面应平整，无漏耙、漏压。

### (四) 整地作业的质量检查方法

**1. 碎土及杂草清除情况的检查** 主要检查松土、碎土、剩下的大土块和未被除尽的杂草等的情况。可在作业地段的对角线上选择3～5个点，每点检查$1m^2$。

**2. 耙深检查** 每班检查2～3次，每次检查3～5个点。一般耙深测定方法有两种：一是在测点处将土扒开，漏出沟底，用直尺测量，沟底至地面的距离即为耙深；二是将机组停在预测点，用直尺测量耙架平面至耙片底缘的距离和耙架平面至地表的距离，两点之差即为该点耙深。

**3. 有无漏耙和地表的质量的检查** 可沿作业地段的对角线检查，耙后地表不得高埂、深沟，一般不平度不超过10cm。

# 项目二 耕地机械（铧式犁）

## 知识目标

1. 了解耕地机械的类型及特点。
2. 了解铧式犁的组成及类型。

## 技能目标

1. 能够正确分析铧式犁产生故障的原因，并且能对铧式犁进行简单维修。
2. 能够正确对铧式犁进行维护和保养。

就目前所使用的耕地机械，根据其作业时工作原理的不同，主要分为三大类：铧式犁、圆盘犁和凿形犁。

圆盘犁和凿形犁在欧洲一些国家应用较多，在我国虽有应用，但量较少，所以本节重点介绍铧式犁。

## 一、铧式犁的组成及类型

### (一) 铧式犁的基本组成

铧式犁的基本组成有主犁体、犁架、耕深调节装置、支撑行走装置、牵引悬挂装置等（图1-1）。不同类型的犁主要工作部件的结构大致相同。

**1. 主犁体** 主犁体是铧式犁的主要工作部件，一般由犁铧、犁壁、犁侧

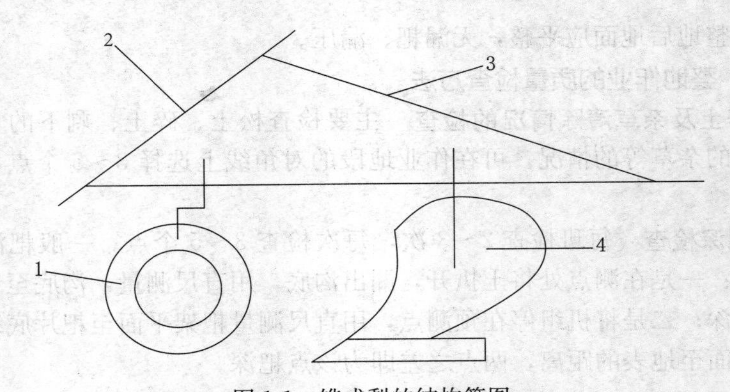


图 1-1　铧式犁的结构简图

1. 行走限深装置　2. 牵引悬挂装置　3. 犁架　4. 主犁体

板、犁柱、犁托和犁踵等组成，有些犁为了增强翻土效果，还装有犁壁延长板。犁体的功用是切土、破碎和翻转土壤，达到覆盖杂草、残茬和疏松土壤的目的。

犁铧：切开土垡并引导土垡上升至犁壁。

犁壁：破碎和翻扣土垡。

犁侧板：平衡侧向力。

犁柱：连接犁架与犁体曲面。

犁托：连接犁体曲面与犁柱。

犁踵：耐磨件，防止犁侧板尾部磨损，可更换。

**2. 犁架**　犁的绝大多数部件都直接或间接地装在犁架上，因此犁架应有足够的强度来传递动力。犁架用于支撑犁体，并把牵引力传给犁体，以保证犁体正常耕作。犁架如有变形，犁体间的相对位置改变，将会影响耕地质量，如发生重耕、漏耕和耕后地面不平整现象，所以应尽量避免犁架变形。

### （二）铧式犁的特点和类型

**1. 铧式犁的特点**　铧式犁最大的优点是能够把地表的作物残茬、肥料以及杂草和虫卵翻埋到耕层内，不但耕后地表干净，有利于提高播种质量，而且可以减少杂草和虫害的发生。铧式犁最大的缺点是耕地时始终向右侧翻土，所以翻耕后的地表留有墒沟和垄背，有时耕后地表土壤不够细碎，还需经过整地、平地等作业才能达到播种要求。双向犁机动性好，适应在窄地块作业。耕地时，既可向右翻土，又可向左翻土，因此翻耕后的地面不会留墒沟和垄背。

**2. 铧式犁的分类**　铧式犁按照与拖拉机连接方式的不同，可分为悬挂犁、牵引犁、半悬挂犁和直联式犁。其中，悬挂犁的使用最为广泛。

悬挂犁的结构简单，质量小，机动性好，可在小地块作业，但入土性能差，多与中小功率的拖拉机配套，与拖拉机三点挂接。运输状态下，机具所受重力全部由拖拉机来承担。

牵引犁的结构复杂，质量大，机动性差，但工作深度稳定，入土性能好，多与大型拖拉机配套，与拖拉机单点挂接。运输状态下，机具所受重力全部由机具本身来承担。

半悬挂犁兼有牵引犁和悬挂犁两者的特点。

直联式犁主要与手扶拖拉机（微耕机）配套。运输状态下，机具前部分所受重力由拖拉机承担，后半部分所受重力由机具承担。

### （三）铧式犁的田间作业

铧式犁耕地作业的顺序依次为耕地头线、开墒、耕地、收墒、耕地头等。

**1. 耕地头线**　为了使地头整齐，犁铲容易入土，开始耕地前应在地的两头耕出地头线，作为起落犁的标志。地头宽度因选用机组大小的不同而不同。一般来说，大中型悬挂机组为6～8m，大中型牵引机组为12～14m。耕地作业时要求机组正确转弯，犁及时起落，尽量避免漏耕、重耕和出现喇叭口。在耕干硬地时，地头线可耕得更宽一些，使整台犁落在松土上，以利犁铲入土。

**2. 开墒**　铧式犁耕地时，若从地块中间开始顺时针转圈耕，则地块中间出现垄背，地块两边出现墒沟；若从地块左边开始逆时针转圈耕，则地块两边出现垄背，地块中间出现墒沟，造成耕后地面不平，垄背下有漏耕。开墒就是开始耕地时，选择开始耕地的位置和耕地方法，减少墒沟、垄背造成的地面不平和垄背下的漏耕。常用的开墒方法主要有双开墒和重一犁开墒两种，可根据农业技术要求、耕地方法和地块平整情况等确定。

开墒时，机组一定要走直，开墒后留出的未耕地两边的宽度应相等。这样，耕到最后时，不会出现楔子状的未耕地块。

**3. 耕地**　常用的耕地方法有内翻法、外翻法、内外翻交替耕法、四区内翻套耕法等。

**4. 收墒**　耕地时，耕到最后出现墒沟的这一犁称为收墒。收墒的目的就是使墒沟越浅越好，以减少对播种和浇水的影响。

**5. 耕地头**　耕地时，地块两端留出一定长度用于机组的转弯地段称为地头，待地块长边耕完后，最后再耕地头。

## 二、铧式犁的故障分析与排除方法

铧式犁的常见故障及排除方法见表1-1。

表 1-1　铧式犁常见故障及排除方法

| 故障现象 | 故障原因 | 排除方法 |
| --- | --- | --- |
| 入土困难 | 铧刃磨损或犁尖部分上翘变形 | 更换犁铧或修复 |
| | 土质干硬 | 加大入土角或力矩，或在犁架尾部加配重 |
| | 犁架前后高低、横拉杆偏低或拖把偏高 | 调短上拉杆长度，提高牵引犁横拉杆或降低拖拉机的拖把位置 |
| | 犁铧垂直间隙太小 | 更换犁侧板，检查犁壁 |
| | 悬挂机组上拉杆过长 | 调短上拉杆长度，使犁架在规定耕深时保持水平 |
| | 拖拉机下拉杆限位链拉得过紧 | 适当放松限位链 |
| | 悬挂点位置选择不当，入土力矩过小 | 犁的下悬挂点挂上孔，上悬挂点挂下孔，增大入土力矩 |
| 耕后地不平 | 犁架不平或犁架、犁铧变形 | 调节犁架或修理校正 |
| | 犁壁粘土，土垡翻转不好 | 清理犁壁上的土，并保持犁壁光洁 |
| | 犁体安装位置不当或振动 | 调整犁体在犁架上的位置 |
| 立垡甚至回垡 | 耕深过大 | 调浅 |
| | 速度过低 | 提高耕作速度 |
| | 各犁体间间距过小，耕宽、耕深比例不当 | 调整犁体间距，必要时可减少犁体 |
| | 犁壁不光滑 | 清理犁壁上的土 |
| 耕宽不稳定 | 耕宽调节器U形卡松动 | 紧固，若U形卡变形则更换 |
| | 胫刃磨损或犁侧板对犁沟壁压力不足 | 增加犁刀或更换犁壁、犁侧板 |
| | 水平间隙过小 | 检查间隙，调整或更换犁侧板 |
| 漏耕或重耕 | 偏牵引，犁架歪斜 | 调整 |
| | 犁架或犁柱变形 | 修理或更换 |
| | 犁体间距不当 | 调整 |
| 犁耕阻力大 | 犁铧磨钝 | 磨锐或更换犁铧 |
| | 犁架、犁柱变形，犁体在歪斜状态下工作 | 修理或更换 |
| 拖拉机驱动轮严重打滑 | 拖拉机驱动轮轮胎磨损严重 | 驱动轮上加防滑装置或更换轮胎 |

## 三、铧式犁的维护与保养

正确进行技术维修是充分发挥犁的工作效能、保证耕地质量、延长使用寿命、提高作业效率的重要措施之一。铧式犁构造简单，保养主要有以下 5 个方面：

（1）定期清除黏附在犁体工作面、犁刀及限深轮上的积泥和缠草。

（2）在每班工作结束后，应对犁体、圆犁刀及限深轮等零部件的固定状态进行检查，拧紧所有松动的螺母。

（3）对圆犁刀、限深轮及调节丝杆等需要润滑处，每天要涂润滑脂 1～2 次。

（4）定期对犁铲、犁壁、犁侧板及圆犁刀等的磨损情况进行检查，必要时进行修理更换。

（5）在每个阶段的工作完毕后，应对技术状态进行全面的检查，如果发现问题，须及时更换、修复磨损或变形的零部件。

# 项目三　整地机械

### 知识目标

1. 了解圆盘耙和旋耕机的组成及类型。
2. 了解圆盘耙和旋耕机的工作过程。

### 技能目标

1. 能够正确对圆盘耙和旋耕机进行调整、维护和保养。
2. 能够正确分析圆盘耙和旋耕机产生故障的原因，并能进行简单维修。

整地机械的种类很多，按动力来源可分为两大类：一是牵引型整地机械，主要有圆盘耙、齿耙、水田耙、滚耙、镇压器、轻型松土机和松土除草机等；二是驱动型整地机械，主要有旋耕机、驱动船、机耕船、灭茬机、秸秆还田机和盖籽机，其耕作深度约等于播种深度。目前，在我国应用较为广泛的整地机械是圆盘耙和旋耕机。

## 一、圆盘耙

圆盘耙始于 20 世纪 40 年代，是替代钉齿耙的主要机具之一，目前国内外广泛采用，有以下主要特点：被动旋转，断草能力较强，具有一定切土、碎土和翻土功能，功率消耗少，作业效率高，既可在已耕地作业又可在未耕地作业，工作适应性较强。

## （一）圆盘耙的类型及结构

圆盘耙的类型按与动力的连接方式可分为牵引式、悬挂式和半悬挂式。按耙片的直径可分为重型耙（660mm）、中型耙（560mm）和轻型耙（460mm）。按耙片的外缘形状可分为全缘耙、缺口耙。全缘耙片易于加工制造；缺口耙片入土能力强，易于切断杂草、作物残茬等，但成本高。按耙组的配置方式可分为单列耙、双列耙、组合耙、偏置耙、对置耙。

圆盘耙的基本构造大致相同，主要由耙组、耙架、牵引架（或悬挂架）、偏角调节机构等组成（图 1-2）。牵引式耙上还有起落调平机构及行走轮等。

图 1-2　悬挂式圆盘耙

1. 缺口耙组　2. 悬挂架　3. 横梁　4. 耙架　5. 圆盘耙组　6. 刮泥装置

**1. 耙组**　耙组是圆盘耙的工作部件，耙组由装在轴上的若干个耙片组成（图 1-3）。耙片通过间管而保持一定间隔。耙片组通过轴承和轴承支板与耙组横梁相连接。一般来说，为了清除耙片上黏附的泥土，会在横梁上装有刮土铲。

**2. 耙架**　用来安装圆盘耙组、调节机构和牵引架（或悬挂架）等部件，有铰接耙架和刚性耙架两种。有的耙架上还装有载重箱，可在必要时添加配重，以便增加或保持耙深。

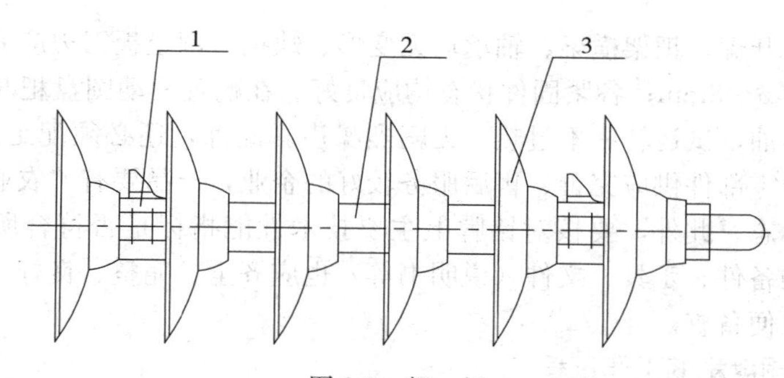

图 1-3　耙　组

1. 轴承　2. 间管　3. 耙片

**3. 牵引或挂接装置**　对于悬挂式圆盘耙，其悬挂架上有不同高度的孔位，以改变挂接高度。对于牵引式圆盘耙，其工作位置和运输位置的转换是通过起落机构实现的。起落过程由液压油缸升降地轮来完成，耙架调平机构与起落机构连动，在起落过程同时改变挂接点的位置，保持耙架的水平。在工作状态，可以转动手柄，改变挂接点的位置，使前后列耙组的耕深一致。

**4. 角度调节器**　用于调节圆盘耙的偏角，以适应不同耙深的需要。角度调节器的形式有丝杠式、齿板式、液压式、插销式等。

丝杠式用于部分重耙上，结构复杂，但工作可靠。

齿板式在轻耙上使用，调节比较方便，但杆体容易变形，影响角度调节。

插销式结构简单，工作可靠。调整时，将耙升起，拔出锁定销，推动耕组横梁使其绕转轴旋转，到合适位置时，把锁定销插入定位孔定位。一般在中耙与轻耙上采用。

液压式用于系列重耙上，虽然结构复杂，但工作可靠，操作容易。

### （二）圆盘耙的选购

**1. 要明确使用目的，应满足农业生产技术的要求**　如干旱少雨地区，适用于少耕或免耕作业，这样圆盘耙就会起到“以耙代耕”的效果；在果园、林场，则应首选偏置耙；如果是黏重土壤的地区，则可选择重耙或缺口重耙。

**2. 要考虑生产规模和动力配置**　由于圆盘耙型号较多，除了考虑上述的农业技术要求外，还应充分考虑自身的生产规模（包括周边的服务工作量），以决定购置具体型号与台数，还要考虑与拖拉机的匹配性。

**3. 注意事项**　在选购时，需要注意的有：一是在购置圆盘耙时，应检查整个机器制造、安装质量和油漆等外观状态，观察耙片有无裂纹、变形；耙架不得变形、开焊，耙架横梁、轴承均无变形、缺损；刮土板刀刃应完好，和凹面的间隙为5～8mm；各紧固件状态均应良好。在购置驱动圆盘耙时，齿轮传动箱应无漏油，试运转中不过热，无剧烈噪声。此外，还必须配足有关备件。二是要选择零部件供应完善、售后服务较好的企业，产品要有“农业机械推广许可证”标志。此外，要核对铭牌上主要技术性能指标是否符合所拟定的要求，随机的备件、工具、文件（说明书等）也应齐全、完整、良好，并要有正式发票，以便备查。

### （三）圆盘耙的工作过程

圆盘耙工作时，耙片回转平面（刃口平面）垂直于地面，并与机器的前进方向成偏角 $\alpha$，在牵引力作用下滚动前进，在重力和土壤阻力的作用下切入土壤，并达到一定的耙深，耙片运动可以看作滚动和移动的复合运动，其运动分解如图1-4所示。

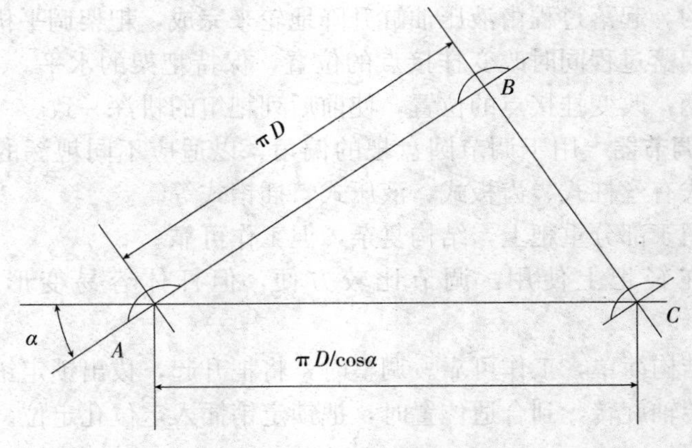


图1-4　耙片运动分解示意

### （四）圆盘耙的调整和保养

**1. 耙深调节**　可用角度调节装置调节耙深。其方法为：停车后将齿板前移到某一缺口位置固定，再向前开动拖拉机，牵引器与滑板均向前移动，直到滑板末端上弯部分碰到齿板，前后耙组相对于机架作相应的摆转，此时偏角加大，耙深增加；若调浅耙深，则提升齿板，倒退拖拉机，后移滑板，固定齿轮于相应缺口中，偏角则变小，耙深变浅。若上述调整耙深的方法仍未达到预定深度，则可采用加配重的方法。

**2. 水平调整**　对于前后两列的圆盘耙，利用卡板和销子与主梁连接来防止前列两个耙组凸面上翘，使耙深变浅；后列的两个耙组凹面端利用两根吊杆挂在耙架上，提高吊杆可调整凹面端入土深度。牵引钩下移，前列耙组耙深减小；反之前列耙组耙深增加。

**3. 圆盘耙的保养**　每班作业后，应清除耙上的缠草；由于耙的紧固件易松动，所以每班必须检查连接部分紧固情况，并予以拧紧；方轴螺母最易松动，须留意检查，以免引起圆盘掉落或拉坏；若长时间不用，应将耙放置干燥的棚内，用木板垫起耙组，并在耙片表面上涂上防锈油，卸下载重箱。

## （五）圆盘耙的故障分析及维护

### 1. 圆盘耙的故障分析与排除方法（表 1-2）

**表 1-2　圆盘耙常见故障及排除方法**

| 故障现象 | 故障原因 | 排除方法 |
| --- | --- | --- |
| 耙地深度不够或耙片不入土 | 偏角太小 | 增大偏角 |
| | 附加质量不足 | 增大附加质量 |
| | 耙片磨损 | 重新磨刃或更换耙片 |
| | 速度太快 | 减速作业 |
| 耙片堵塞 | 土壤过于黏重或太湿 | 选择土壤湿度适宜时作业 |
| | 杂草残茬太多，刮土板不起作用 | 调整刮土板位置和间隙 |
| | 偏角过大 | 减小偏角 |
| | 速度太慢 | 增大作业速度 |
| 耙后地表不平 | 前后耙组偏角不一致 | 调整偏角 |
| | 附加质量差别较大 | 调整附加质量使其一致 |
| | 耙架纵向不平 | 调整牵引点高低位置 |
| | 个别耙组堵塞或不转动 | 清除堵塞物，使其转动 |
| | 牵引式偏置耙作业时耙组偏转，使前后耙组偏角不一致 | 调整纵向拉杆在横拉杆上的位置，使前后耙组偏角大小一致 |
| 阻力过大 | 土壤过于黏湿 | 选择土壤水分适宜时作业 |
| | 偏角过大 | 调小耙组偏角 |
| | 附加质量过大 | 减小附加质量 |
| | 刃口磨损严重 | 重新磨刃或更换耙片 |
| 耙片脱落 | 圆盘耙的紧固件易松动 | 留意检查，以免引起圆盘掉落或拉坏。每班作业后，一定要检查连接部分紧固情况，并予以拧紧或换修，以避免耙片脱落 |

### 2. 圆盘耙的维修

（1）用车床切削磨钝的耙片，将耙片用专用夹具卡在车床卡盘上，用顶尖支撑专用夹具的另一端；使用硬质合金刀片；修复的耙片刃口角呈 37°，刃口厚度应有 0.3～0.5mm。也可将耙片装于磨刃夹具上，均匀地转动耙片，以免在砂轮上磨刃时使耙片退火。

（2）方孔裂纹可用电弧焊进行修复，若裂纹严重，维修时可在方孔上加焊一个内方孔的圆铁盘。

## 二、旋耕机

### （一）旋耕机的类型和结构

**1. 分类** 旋耕机按旋耕刀轴的位置可分为横轴式（卧式）、立轴式（立式）和斜轴式；按与拖拉机的连接方式可分为牵引式、悬挂式和直接连接式；按刀轴传动方式可分为中间传动式和侧边传动式，侧边传动式又分侧边齿轮传动和侧边链传动两种形式。

**2. 基本结构** 旋耕机主要是由机架、传动系统、旋转刀轴、刀片、耕深调节装置、罩壳等组成（图 1-5）。

图 1-5 旋耕机

1. 旋转刀 2. 悬挂架 3. 齿轮箱 4. 主梁 5. 罩壳 6. 刀轴

（1）刀轴和刀片。刀轴和刀片是旋耕机的主要工作部件。刀轴上焊有刀座，刀座在刀轴上按螺旋线排列并焊在刀轴上，供安装刀片。

刀片（即旋耕刀）工作时，随刀轴一起旋转，起切土、碎土和翻土作用。在系列旋耕机上，刀片的形式都采用弯形刀片，有左弯和右弯两种。弯形刀刃口较长，并制成曲线形，工作时，曲线刀刃切土，因此工作平缓不易缠草，有较好的碎土和翻土能力。

旋耕机刀片配置，为使作业过程避免漏耕和堵塞，刀轴受力均匀，刀片在刀轴上的配置应满足下述要求：

①在同一回转平面内，若配置两把以上的刀片，应保证进切量相等，以达碎土质量好，耕后沟底平整。

②在刀轴回转一周过程中，刀轴每回转过一个相等的角度，在同一相位角，必须是一把刀入土，以保证工作稳定性和刀轴负荷均匀。

③相继入土的刀片在刀轴上的轴向距离越大越好，以免发生堵塞。

④左弯和右弯刀片应交错入土，使刀轴两端轴承所受侧压力平衡。

（2）传动部分。由拖拉机动力输出轴来的动力经过万向节传给中间齿轮箱，再经侧边传动箱驱动刀轴回转。也有直接由中间齿轮箱驱动刀轴回转的。由于动力由刀轴中间传动，机器受力平衡，稳定性好。但在中间齿轮箱体下部不能装刀片，因此会有漏耕现象，可采用在箱体前加装小犁铧的办法来消除漏耕现象。

（3）耕深控制装置。

滑橇式：安装在机架底部，调节它与刀轴的相对距离，以改变耕深。滑橇还起限深作用，一般用于水田作业。

限深轮式：安装在旋耕机后部，由升降丝杠、套管、轮叉等组成，用于旱地作业。

液压悬挂式：一般用位调节方式限定耕深，所以没有限深装置。

（4）辅助部件。旋耕机辅助部件由机架、悬挂架、挡泥罩和平地板等组成。挡泥罩和平地板用来防止泥土飞溅和进一步碎土，并可保护机务人员安全，改善劳动条件。

**3. 工作特点**　旋耕机是一种由动力驱动工作部件以切碎土壤的耕作机具。旋耕机能一次完成耕耙作业，兼有耕翻和碎土功能，即一次作业能达到土碎、地平的效果。犁耕很难一次达到土壤松碎、地表平整而满足播种或插秧的要求，必须再经过整地才能进行种植作业。因此，旋耕机的工作特点是碎土能力强，耕后表土细碎，地面平整，土肥掺和均匀，可大大缩短耕整地的时间，有利于抢农时和提高功效。广泛应用于果园菜地、稻田水耕及旱地播前整地。其缺点是功率消耗较大，耕层较浅，翻盖质量差。

**4. 工作过程**　旋耕机工作过程如图1-6所示。刀片一方面由拖拉机动力输出轴驱动做回转运动，另一方面随机组前进做直线运动。刀片在转动过程中，首先将土垡切下，随即向后方抛出，土垡撞击到挡泥罩板和平土拖板而细碎，然后再落回地面，因而碎土较好，一次完成了耕、耙作业。

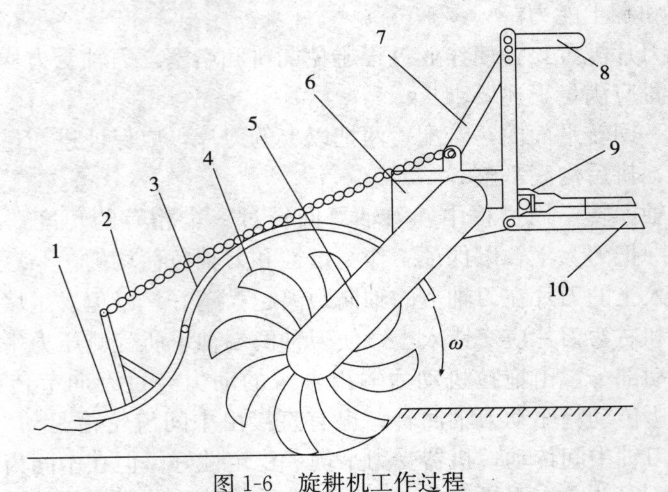


图 1-6　旋耕机工作过程

1. 水平托板　2. 拉链　3. 挡土罩　4. 旋耕刀　5. 传动箱
6. 齿轮箱　7. 悬挂架　8. 上拉杆　9. 万向节　10. 下拉杆

**5. 调整和保养**

(1) 链条的调整。链条紧会加重磨损，松边过松则会发生爬链现象。因而，在进行链条调节时，注意顶向张紧滑轨的力应在 50～100N 内，以能压动松边链条为宜，若用力压不动，则表示链条太紧。

(2) 轴承间隙的调整。其调整有两种方法：一是增减垫片，凡内圈位置固定，外圈可调的轴承，可用增减轴承盖处垫片的方法来调整轴向间隙；二是调节螺母，凡是外圈固定，内圈可调的轴承，可采用此法来调整轴向间隙。

(3) 旋耕机的保养。

①一般保养。一般在每班作业后应进行班保养。内容包括清除刀片上的泥土和杂草，检查插销、开口销等易损件有无缺陷，必要时更换；向各润滑油点加注润滑油，并向万向节处加注黄油，以防加重磨损。

②季度保养。每个作业季度完成后，应进行季度保养。内容包括彻底清除机具上的泥垢、油污；彻底更换润滑油、润滑脂；检查刀片是否过度磨损，必要时进行换新；检查机罩、拖板等有无变形，若有应恢复原形或换新；全面检查机具外观，补刷油漆，弯刀、花键轴上应涂油防锈；长期不使用时，轮式拖拉机配套旋耕机应置于水平地面上，不得悬挂在拖拉机上。

**(二) 旋耕机的故障分析及维护**

**1. 旋耕机的故障分析与排除方法**（表 1-3）

**表 1-3　旋耕机常见故障及排除方法**

| 故障现象 | 故障原因 | 排除方法 |
| --- | --- | --- |
| 旋耕机负荷过大 | 旋耕深度过大 | 减少耕深 |
| | 土壤黏重，过硬 | 降低机组前进速度和刀轴转速，轴两侧刀片向外安装，将其对调变成向内安装，以减少耕幅 |
| 旋耕机后间断抛出大土块 | 刀片弯曲变形 | 校正或更换 |
| | 刀片断裂 | 重新更换刀片 |
| 旋耕机在工作时有跳动 | 土壤坚硬 | 降低机组前进及刀轴转速 |
| | 刀片安装不正确 | 重新检查，按规定安装 |
| | 万向节安装不正确 | 重新安装 |
| 旋耕后地面起伏不平 | 旋耕机未调平 | 重新调平 |
| | 平土拖板位置安装不正确 | 重新安装调平 |
| | 机组前进速度与刀轴转速配合不当 | 改变机组前进速度或刀轴转速 |
| 齿轮箱内有杂音 | 安装时不慎有异物掉落 | 取出异物 |
| | 圆锥齿轮箱侧间隙过大 | 重新调整 |
| | 轴承损坏 | 更换新轴承 |
| | 齿轮箱牙齿折断 | 修复或更换 |
| 施耕机工作时有金属敲击声 | 刀片固定螺钉松脱 | 重新拧紧 |
| | 刀轴两端刀片变形 | 校正或更换刀片 |
| | 刀轴传动链过松 | 调节链条紧度 |
| | 万向节倾角过大 | 调节旋耕机提升高度，改变万向节倾角 |
| 旋耕机工作时刀轴转不动 | 传动箱齿轮损坏咬死 | 更换齿轮 |
| | 轴承损坏咬死 | 更换轴承 |
| | 圆锥齿轮无齿侧间隙 | 重新调整 |
| | 刀轴侧板变形 | 校正侧板 |
| | 刀轴弯曲变形 | 校正刀轴 |
| | 刀轴缠草堵泥严重 | 清除缠草积泥 |
| 刀片弯曲或折断 | 与坚石或硬地相碰 | 更换犁刀，清除石块，缓慢降落旋耕机 |
| | 转弯时旋耕机仍在工作 | 按操作要领，转弯时必须提起旋耕机 |
| | 犁刀质量不好 | 更新犁刀 |
| 齿轮箱漏油 | 油封损坏 | 更换油封 |
| | 纸垫损坏 | 更换纸垫 |
| | 齿轮箱有裂缝 | 修复箱体 |

**2. 旋耕机的维修** 旋耕机主要工作部件的检修：

（1）弯刀。刃口磨钝的弯刀应重新磨锐，变形弯刀需加垫校正，然后淬火（刀柄部分不淬火），淬火弯刀硬度应为HRC50-55，如损坏，应换新件。

（2）刀座。刀座损坏多为脱焊、开裂或六角孔变形，对局部损坏的刀座可用焊条焊补，损坏严重的应进行更换。但在焊接刀座时要注意刀轴变形。

（3）刀轴管。断裂刀轴管可在断裂处的管内放一段焊接性较好的圆钢，焊后应进行人工时效及整形校直，然后检查两端轴承挡。如超差太大，需更换没有花键一端的轴头，应以原花键端外径为基准加工新轴头，以保证刀轴转动平衡灵活。

# 项目四　保护性耕作机械

## 知识目标

1. 了解发展保护性耕作机械的重要意义。
2. 了解保护性耕作技术的内容及优势。
3. 了解秸秆粉碎还田机的使用要点。

## 技能目标

1. 能够对秸秆粉碎还田机进行正确的安装和调整。
2. 能够对秸秆粉碎还田机进行正确的操作。
3. 能够正确对秸秆粉碎还田机进行保养与保管。

我国北方旱地过去常采用的耕作方法主要是传统的即常规的耕作方法，也称精细耕作法。通常是指作物生产过程中由机械耕翻、耙压和中耕等组成的土壤耕作体系。在一季作物生长期间，机具进地从事耕翻、耙碎、镇压、播种等作业的次数多达7～10次。随着现代化农业科学技术的发展，常规的耕作方法已不适应农作物的种植和生长对耕地作业的要求。如传统的铧式犁翻耕模式使得农田裸露、水土流失和风蚀沙化，不仅导致土壤肥力下降，而且蚕食可利用土地。这些问题正成为制约农业可持续健康发展的瓶颈之一。因此，发展保护性耕作农业已成为当务之急。

## 一、保护性耕作

“保护性耕作就是用少耕、免耕将作物残茬尽量保持在地表以保持水分和减少土壤流失的耕作方法。”我国学者在多年的科学研究基础上，把保护性耕作定义为：“用秸秆残茬覆盖地表，将耕作减少到只要能保证种子发芽即可，并用农药控制杂草和病虫害的一项先进的新型农业耕作技术。”它的前身叫“免耕法”，逐步拓展到包含地表残茬覆盖、地表处理、土壤深松、种肥隔层分施、杂草和病虫害控制等。

### （一）保护性耕作技术内容

保护性耕作技术主要包括四项技术内容：一是改革铧式犁翻耕土壤的耕作方式，必要时深松或表土耕作来改善土壤结构；二是用作物秸秆和残茬覆盖地表，减少土壤风蚀、水蚀和水分无效蒸发，提高天然降雨利用率，增加土壤肥力和抗旱能力；三是尽量在不翻耕土壤的前提下进行免耕播种和施肥，简化工序，减少机械进地次数，降低成本；四是翻耕控制杂草改为喷洒除草剂或机械表土作业控制杂草及病虫害。

### （二）保护性耕作技术的优势

保护性耕作彻底取消了铧式犁翻耕作业，采用秸秆覆盖地表，从而减少地表径流，减轻土壤风蚀和水蚀，改善环境，增加水分入渗；地表秸秆腐烂后形成大量的有机肥料，明显提高土壤有机质含量，改善土壤结构；由于减少作业工序，节约生产成本，增加收入，经济收益得到改善；提高水、土、光等资源的利用率；作物根系发达，干物质增多，提高产量；采用免耕秸秆覆盖和根茬固土，土壤不再翻耕裸露，减少了尘土的扬起，保护了生态和人居环境。

免耕、少耕、秸秆覆盖是各种保护性耕作技术共有的基本要素。它通过对一些容易导致土地沙漠化的传统农业技术进行革新，能大面积提高土地生产能力、改善生产和生态环境、协调社会经济持续发展与生态环境保护关系，能以综合的农业技术措施来有效防止土地沙漠化，保护水土资源，并且无地膜等污染，有利于保持农业的可持续发展。

## 二、秸秆粉碎还田机械

农作物秸秆是农业生产的副产品，随着北方农业的不断发展，作物秸秆（主要为小麦、玉米秸秆）的产量也越来越高。只有提高秸秆的综合利用率，才能减少资源的浪费和环境污染，提高农业生产水平，实现农业可持续发展。

近几年来，机械化秸秆还田已成为政府大力推广的一项保护性耕作技术。还田的秸秆在土壤水分、温度等相关条件的作用下，被微生物分解、腐熟后，转化为能被植物吸收的有机物以及氮、磷、钾等营养元素。这些物质可以有效地改善土壤的团粒结构，提高土壤对水分、温度和空气的调控能力。培肥地力，为下茬作物持续增产打下良好的基础，这项技术也是保护性耕作技术和绿色农业的重要内容之一。

### (一) 机械化秸秆粉碎还田的作用

**1. 增加土壤有机质含量，养分结构趋于合理** 这样可以提高肥料利用率，减少化肥用量。作物秸秆中含有的氮、磷、镁、硫、钾、钙等元素，是农作物生长所必需的营养元素。

**2. 改善土壤结构，使土壤耕性变好** 秸秆还田后释放出的养分，能使一些有机化合物缩合脱水形成更复杂的腐殖质，与土粒结合后形成团粒结构，改善了土壤自身调节水、肥、气、温的能力。

**3. 减少农作物病虫害** 在作物根茬粉碎过程中，对表土进行了疏松和搅动，改变了土壤的物理性质，使害虫的生存环境遭到破坏，减轻了病虫害的发生程度。

**4. 争抢农时，改善土壤环境** 机械化秸秆还田能够减少工序，节省劳力，减轻劳动强度，提高生产效率，争抢农时。机械化秸秆还田是充分利用玉米秸秆的有效方式，同时防止了焚烧秸秆而造成的空气污染。农作物秸秆覆盖地表，隔离了阳光对土壤的直射，调剂土地与地表温热的交换，在干旱时期减少了土壤中地面水分的蒸发量，保持了耕层蓄水量。农田覆盖秸秆有很好的抑制杂草生长的作用，在雨季减缓了大雨对土壤的侵蚀，减少了地面径流，增加了耕层蓄水量。秸秆中含有大量的能源物质，秸秆还田后生物激增，可加强土壤微生物的活动，增加土壤生物固氮作用，降低土壤碱性，促进土壤的酸碱平衡，改善土壤环境。

### (二) 秸秆粉碎还田机的类型和结构

秸秆粉碎还田机械主要分为两大类：一是与玉米联合收割机配套的秸秆粉碎装置；二是与拖拉机配套的秸秆粉碎还田机。秸秆粉碎还田机粉碎秸秆过程基本相同，虽然结构稍有所不同，但主要部件基本相同。

**1. 与玉米联合收割机配套的秸秆还田机** 以与玉米联合收获机配套的秸秆还田机为例（图 1-7），秸秆还田装置与后悬挂架相连，悬挂在拖拉机后部，集穗箱下面。这种还田装置是水平旋转刀轴式切碎机构，其刀片形状主要有锤爪式和甩刀式两种，该机的刀片为锤爪式。

其传动过程：在工作时，还田机转速约为1 800r/min，由拖拉机动力输出轴传出动力，再由万向节传给切碎机的变速箱，经变速箱增速和换向后，再通过皮带和皮带轮传给切碎机的刀轴，使刀轴高速旋转，转动的锤刀与固定刀将秸秆切碎。留茬高度操纵手柄可通过吊环、调节杆、钢丝绳、限位轮与拖拉机的液压提升臂相连，操作提升手柄即可控制切碎机的高低位置，从而调节

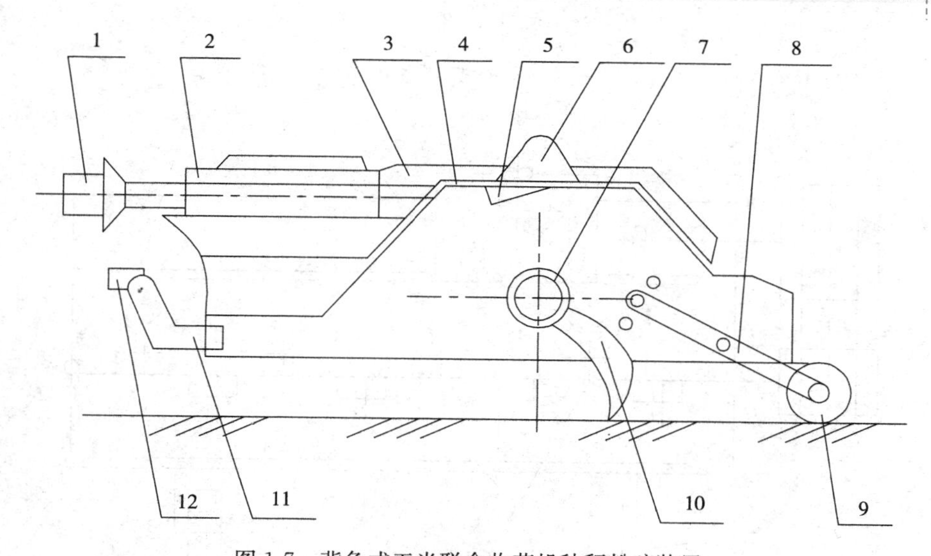


图 1-7　背负式玉米联合收获机秸秆粉碎装置

1. 万向节　2. 传动箱　3. 侧板　4. 罩板　5. 定刀　6. 吊板片
7. 碎刀轴　8. 调节秆　9. 限深轮　10. 粉碎刀　11、12. 悬挂架

留茬高度。

**2. 与拖拉机配套的秸秆还田机**　与拖拉机配套的秸秆还田机按刀轴位置的不同可分为卧式秸秆还田机和立式秸秆还田机。

（1）卧式秸秆还田机。卧式秸秆还田机的刀轴呈横向水平配置，甩刀安装在刀轴上，该机刀片为甩刀式，在纵向垂直面内旋转（图 1-8）。

其传动过程：甩刀式还田机转速一般为1 200r/min，拖拉机动力由万向节传入齿轮箱，经齿轮箱增速和换向后，再通过皮带传动装置传给刀轴。刀轴上安装的多把粉碎切刀随刀轴高速旋转，与固定刀配合切碎秸秆。

（2）立式秸秆还田机。主要用于粉碎小麦秸秆，由悬挂架、直刀型切刀、圆锥齿轮箱、直刀切碎支撑、罩壳、限深轮和前护罩总成组成。

其传动过程：拖拉机动力通过万向节传动轴输入锥齿轮箱的输入横轴，通过齿轮增速和换向，使垂直轴旋转，并带动安装在垂直轴上的直刀型切刀刀盘旋转，使秸秆在有支撑的情况下被切割。在前方喂入口设置了喂入导向装置，使两侧的秸秆可以向中间聚集，从而增加甩刀对秸秆的切割次数，提高粉碎效果。罩壳的前面还装有带防护链或防护板的防护罩，这使秸秆只能从前方进入，粉碎后不能从前方抛出。在罩壳后方的排出口装有排出导向板，使粉碎的秸秆均匀地抛撒田间。限深轮安装在机具的两侧或后部，通过调节限深轮的高度，确定留茬高度，以保证甩刀不入土和确保粉碎质量。

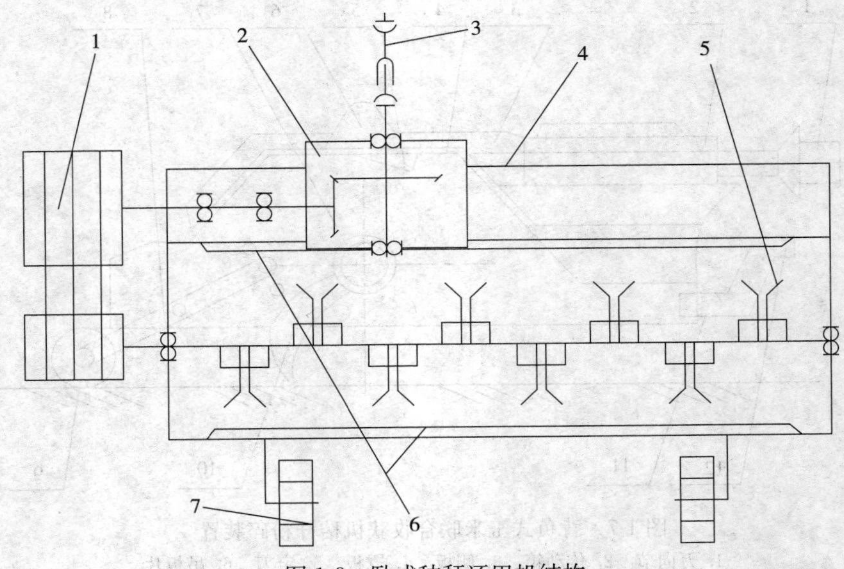


图 1-8　卧式秸秆还田机结构

1. 皮带轮　2. 变速箱　3. 万向节传动　4. 壳体　5. 甩刀片
6. 固定刀片　7. 限深轮

## （三）秸秆粉碎还田机的使用要点

**1. 玉米的摘穗**　在不影响产量的情况下，玉米摘穗应趁秸秆青绿时尽早摘穗，并连苞叶一起摘下。

**2. 秸秆粉碎**　在摘穗或收获后，应趁秸秆青绿马上进行秸秆粉碎。此时玉米秸秆呈绿色，含水率达 30%以上，糖分多、水分大，易被粉碎，有利于加快秸秆腐烂分解，对增加土壤养分大为有益。在秸秆粉碎过程中，要注意选择拖拉机作业挡位和调整留茬高度，秸秆粉碎长度以不超过 10cm 为宜。工作部件的地隙最好控制在 5cm 以上，严防刀片入土和漏切。

**3. 施肥与翻埋**　在秸秆粉碎腐烂分解过程中，要吸收土壤中的有机质氮、磷和水分，若底肥不足，就会严重影响农作物产量。因此，应增施适量的氮肥、磷肥，以便加快秸秆腐烂分解，为下一阶段的播种创造条件。

**4. 旋耕或耙地灭茬**　将玉米秸秆粉碎还田并补加施化肥后，在不使用高柱犁的地区，为保证耕翻质量，耕前要立即进行旋耕或耙地灭茬，使被切开的根茬和再次被切碎的秸秆均匀分布在 0～10cm 的土层中。

**5. 深耕**　应使用大中型拖拉机配套的深耕犁、耢、环形镇压器一次完成秸秆耕翻、深埋、镇压、耢平等作业。也可用小型拖拉机配单铧犁深耕覆盖，耕深不小于 23cm。

### （四）秸秆粉碎还田机的安装调整

**1. 万向节的安装**　万向节与主机的连接，应确保还田机与提升方轴时，套管及节叉既不顶死，又有足够的长度，保证传动轴中间两节叉的叉面在同一平面内。若方向装错，不但会产生响声，还会使还田机震动加大，易引起机件损坏。

**2. 还田机水平和留茬高度的调整**　在连接还田机与拖拉机后，应调节拖拉机悬挂机构的左右斜拉杆，使还田机保持水平状态；调节拖拉机上拉杆使其纵向接近水平。根据土壤疏松程度、作物种植模式和地块平整状况，调节地轮连接板前端与左右侧板的相对位置，以得到合适的留茬高度。

**3. 各零件和润滑部件的检查**　作业前首先检查各零件是否完全，紧固件有无松动，胶带张紧度是否合适，并按要求向齿轮箱加注齿轮油，向需润滑部件加注润滑脂。

**4. 空运转试车**　检查完毕后，将还田机刀具提升至离地面 20～25cm。提升位置过高易损坏万向节。接合动力输出轴空转 30min，确认各部件运转良好后方可投入作业。

### （五）秸秆粉碎还田机的操作使用

**1. 作业前**　首先需仔细检查各部件的运转是否正常，在检查结束后，进行空载试运转，确认各部件能良好运转后，再进行正式作业。

**2. 作业时**　要使拖拉机的悬挂杆件保持水平，并将限深轮逐步降至所需要的留茬高度。挂接动力输出轴时，要空负荷低速启动。对不同长势作物采取不同的作业速度。原则上要保证拖拉机既不超负荷，又能充分发挥效率。机具运转时，严禁机后站人或靠近旋转部位，以免发生人员伤亡。若发现刀片打土，应及时调整地轮离地高度。机具禁止倒退，转弯时应将还田机提起，起落要平稳。作业过程中要注意田间障碍物，应及时清除机具缠草。听到异常响声或看到异常现象时，应立即停车检查，及时排除故障。

**3. 作业结束后**　对机械进行保养和维修。及时清理并检修整机，清除泥土层。

### （六）秸秆粉碎还田机的保养与保管

**1. 班保养**　一般在每班作业后应进行班保养。内容包括检查各转动部位的润滑状况及皮带的张紧度，及时注油和调整皮带张紧度；检查各部件是否松动或损坏；及时清除机壳内黏结的泥土，以免加重负荷和刀片早期磨损。保养时应特别注意万向节十字头的润滑，必须注入足够多的黄油，做好各部件的防锈处理。

**2. 季保养**　每个作业季度完成后，应进行季度保养。内容包括清除机具各部的泥土、油污、秸草；检查各运转部件和紧固件，对磨损严重、短缺者应予以更换或修补；更换刀片时，要注意保持刀轴平衡，要对称、成组更换，用同一型号刀片；刀片质量差不得大于10g；清洗齿轮箱，各运动部件要加注润滑油，并做防锈处理。

**3. 保管** 作业结束后，应将机具垫起，停在干燥处，松开皮带，使刀片离开地面，不得以地轮作支撑点。

# 单元二

# 播种机械

## 项目一 概 述

### 知识目标

1. 了解我国播种机发展现状及发展趋势。
2. 了解播种的方法及特点。

### 技能目标

1. 理解播种机械的一般构造和类型。
2. 学会正确使用播种机械。

播种是农作物栽培的重要环节之一，必须满足农艺要求，使作物苗齐苗壮，并获得良好的生长条件，为增产打下可靠的基础。机播可加快播种进度并提高播种质量，因而是农田作业机械化的重要环节。播种机械所面对的播种方式、作物种类、品种等变化繁多，这就需要播种机械有较强的适应性和能满足不同种植要求的工作性能。

播种作业中要完成开沟、排种、施肥、覆土及镇压等环节，有时施肥和镇压可单独进行。虽然播种机种类较多，但基本上都要完成上述作业环节，因而都有完成各作业环节的主要工作部件和相应的辅助机构。

### 一、我国播种机发展现状及趋势

#### （一）发展现状

我国的播种机市场以传统的谷物条播机为主，与小型拖拉机配套的播种机及畜力播种机目前仍占主导地位。全国有500家左右的企业生产播种机，其中只有10家生产与大中型拖拉机配套的播种机，与小型拖拉机配套的播种机和畜力播种机的产量已占到全国播种机产量的90%以上。

最近几年，我国的联合作业播种机市场发展也较快，其播种机机具主要有耕作播种联合作业机、播种施肥联合作业机和施水播种联合作业机等，目前又发展了铺膜播种联合作业机。另外，精少量播种机具推广势头强劲，小麦精少量播种机和中耕作物精密播种机推广应用迅速。

### （二）发展趋势

**1. 加大采用新兴技术力度** 目前国外正在发展一些新的播种技术，如美国塞科尔5000型气压式播种机用液压马达驱动风机；德国的A-697型精密播种机装有供驱动排种锥体的液压马达，当地轮滑动时，液压马达启动，以保证排种锥体的转速与机器前进速度相协调，现在也用以操作开沟器的升降，在大宽幅的播种机上还用液压折叠机架，以便安全运输。目前我国播种机正在弥补自己的不足，向着提高作业效率的方向发展。

**2. 加大推广精密播种技术** 我国自20世纪70年代初开始研究精密播种，目前全国精播的面积还很少，迄今精密播种的作物基本局限于中耕作物。谷物精播的难度较大，至今国内尚无成熟的机型。气力式播种机由于对种子尺寸要求不严，不需精选分级，伤种少，易达到单粒点播，通用性较好，同时它也具备高速作业的性能，满足了对大功率拖拉机的配套和宽幅作业的要求，作业速度可达10～12km/h，工作幅宽也可加大到8～12m以上。因此，气力式播种机应用越来越广泛。可以说，气力式精密播种机是21世纪播种机械的发展方向。

**3. 进一步发展联合作业的直接播种** 播种联合作业是指在播种的同时，完成耕整地、施肥、喷洒药液等作业，其优点是一次可以完成多项作业，作业效率高，保证及时播种，提高产量，可以充分利用配套动力，节省能源，降低作业成本，与传统播种方法相比，联合播种的劳动消耗的作业费用约降低30%。同时，可以减少机组进地次数，使土壤免受机具的过度压实。直接播种是指将作物种子直接播在留茬地里，用于直接播种的机具称为免耕法或少耕法播种机。直接播种机与一般播种机相比，其结构特点主要是在开沟装置上，通常在播种机组前面加装一个种床式开沟器，用以切断地表的残茬和硬秆或耕出窄带作为种床，然后再由装在后面的种沟开沟器在其上开出种沟。

## 二、播种的方法及特点

目前在我国应用较为广泛的播种机械种类很多，真正用于现在农业生产的种植方式仍然是经典和传统的，总结起来大致有以下7类方式：撒播、精密播种、穴播、条播、联合播种、免耕播种以及铺膜播种。下面简述这7种农业播种机械的特点。

**1. 撒播**　将种子按要求的播量撒布于地表的方式，再用其他工具覆土的播种方法，称为撒播。一般作物播种很少使用这种方法，多用于大面积种草、植树造林的飞机撒播。

撒播时种子分布不大均匀，且覆土性差，出苗率低。在飞播中主要用于播种草籽或颗粒小的树籽，其优点是：①可适时播种和改善播种质量；②播种速度快，播种均匀。

**2. 精密播种**　按精确的粒数、间距、行距、播深将种子播入土壤的方式，是穴播的高级形式。

**3. 穴播**（点播）　按照要求的行距、穴距、穴粒数和播深，将种子定点投入种穴内的方式。主要应用于中耕作物播种：玉米、棉花、花生等。与条播相比，节省种子、减少出苗后的间苗管理环节，充分利用水肥条件，提高种子的出苗率和作业效率。

**4. 条播**　将种子按要求的行距、播量和播深成条地播入土壤中，然后进行覆土镇压的方式。种子排出的形式为均匀的种子流，主要应用于谷物播种，如小麦、谷子、高粱、油菜等。

**5. 联合播种**　机具能够同时完成整地、筑埂、铺膜、播种、施肥和喷药等多项作业或其中某几项作业。联合作业机组可以减少田间作业次数，缩短作业周期，抢农时，以及充分利用拖拉机功率，降低作业成本。其机具的类型较多，如适合玉米耕翻地上作业的旋耕播种机、适于已耕翻地上作业的耕地播种机。因此，联合播种机近几年在生产中得到广泛应用，是未来种植机械发展的方向。

目前，某种作物采用精密点播和窄行密植平作的方法，免去中耕作业，可以较大幅度地提高作物的产量和降低作业成本，是一种新型的种植方法。

**6. 免耕播种**　前茬作物收获后，土地不进行耕翻，让原有的秸秆、残茬或枯草覆盖地面，待下茬作物播种时，用特制的免耕播种机直接在前茬地上进行局部的松土播种；并在播种前或播种后喷洒除草剂及农药。有以下3个特点：一是可降低生产成本，减少能耗，减轻对土壤的压实和破坏；二是可减轻风蚀、水蚀和土壤水分的蒸发与流失；三是节约农时。

**7. 铺膜播种**　播种时在种床表面铺上塑料薄膜，种子出苗后，幼苗长在膜外的一种播种方式。这种方式可以是先播下种子，随后铺膜，待幼苗出土后再由人工破膜放苗；也可以是先铺上薄膜，随即在膜上打孔下种。铺膜播种有以下优点：

（1）改善植株光照条件。薄膜本身及膜下的细微雾滴对光有一定的反射能力，改善了植株下层叶片的光照条件，有利于提高作物的光合作用。

（2）提高并保持地温。由于阳光可透过薄膜传给土壤热量，而薄膜可隔断空气流动和土壤以长波形式向空气辐射所散失的热量，因而有利于地温偏低时的种子发芽和幼苗生长。

（3）可以抑制杂草生长。作物苗株周围均为薄膜覆盖封闭，杂草无法生长起来。

（4）改善土壤物理性状和肥力。由于水分的气态和液态循环变化，使膜下土壤不断收缩和膨胀，灌溉水或雨水通过横向渗透作用浸润膜下土壤，使其比较疏松而不板结。而且温度较高，持水力强，有利于土壤微生物活动，可加快有机质分解，增强了土壤肥力。

（5）减少土壤水分蒸发。虽然地膜栽培有许多优点，但是其成本较高，消耗动力较多，技术要求也较高，作物收获后，残膜回收问题也未完全解决，所以目前主要用在花生、棉花、蔬菜等经济价值较高的作物栽培上。

## 三、播种机械的一般构造和类型

### （一）一般构造

播种机械的一般构造如图 2-1 所示。

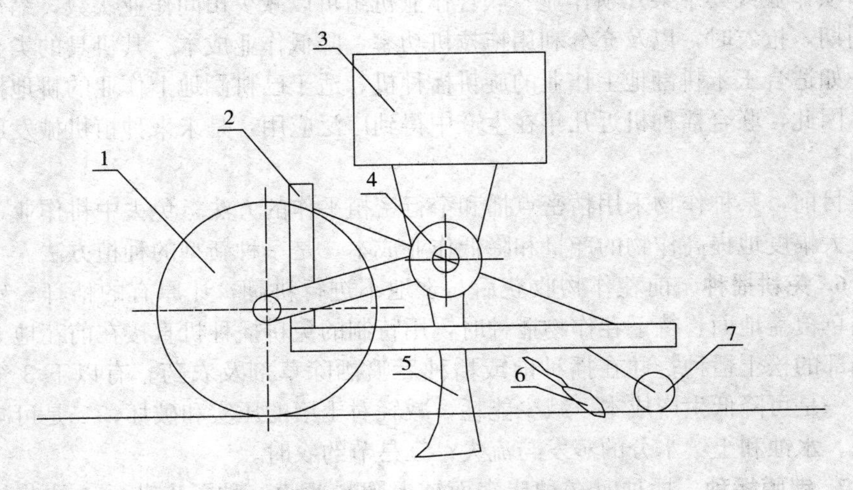


图 2-1　播种机械的一般构造

1. 地轮　2. 机架　3. 种肥器

4. 传动装置　5. 开沟器　6. 覆土器　7. 镇压器

### （二）类型

按照播种方法可分为撒播机、条播机、穴播机和精密播种机。还可以进一步分为普通穴播机、精密条播机、中耕作物精密播种机等。按照驱动形式可分为畜力播种机和机引力播种机。按照播种的作物不同可以分为谷物播种机、玉米播种机、棉花播种机、牧草播种机和蔬菜播种机。按照播种的形式可以分为槽轮式、型孔式、气力式等。

为了便于机械化管理，对于农业机械的分类和统计，农业部于2008年编制并发布了农业行业标准《农业机械分类》（NY/T 1640—2008）一书，将播种机械分为条播机、穴播机、异形种子播种机、小粒种子播种机、根茎类种子播种机、水稻（水、旱）直播机、撒播机、免耕播种机和其他播种机械。

**1. 撒播机**　使撒出的种子在播种地块上均匀分布的播种机。常用的机型为离心式撒播机，附装在农用运输车后部，由种子箱和撒播轮构成。种子由种子箱落到撒播轮上，在离心力作用下沿切线方向播出，使撒出的种子在播种地块上均匀分布，播幅达8～12m。也可撒播粉状或粒状肥料、石灰及其他物料。撒播装置也可安装在农用飞机上。

**2. 条播机**　主要用于谷物、蔬菜、牧草等小粒种子的播种作业，常用的有谷物条播机。作业时，由行走轮带动排种轮旋转，种子自种子箱内的种子杯按要求的播种量排入输种管，并经开沟器落入开好的沟槽内，然后由覆土镇压装置将种子覆盖压实。出苗后作物成平行等距的条行。用于不同作物的条播机除采用不同类型的排种器和开沟器外，其结构基本相同，一般由机架、牵引或悬挂装置、种子箱、排种器、传动装置、输种管、开沟器、划行器、行走轮和覆土镇压装置等组成。其中影响播种质量的主要是排种装置和开沟器。常用的排种器有槽轮式、离心式、磨盘式等类型。开沟器有锄铲式、靴式、滑刀式、单圆盘式和双圆盘式等类型。

**3. 穴播机**　是按一定行距和穴距，将种子成穴播种的种植机械。每穴可播1粒或数粒种子，分别称单粒精播或多粒穴播，主要用于玉米、棉花、甜菜、向日葵、豆类等中耕作物，又称中耕作物播种机。每个播种机单体可完成开沟、排种、覆土、镇压等整个作业过程。

针对中耕作物行距较宽且需调整的特点，穴播机常采用单体形式，每一个播种单体包括一整套工作部件，能完成开沟、排种、覆土、镇压等整个作业过程。多个单体按所需行距装在同一横梁上，即构成不同行数和工作幅宽的穴播机，与不同功率等级的拖拉机配套。我国还发展了播种中耕通用机，即在同一通用机架上可以按所需行距安装成组的播种或中耕部件。

穴播机的排种器有多种类型。圆盘式排种器是利用旋转圆盘上定距配置的型孔或窝眼排出定量的种子，根据种子大小、播种量、穴距等要求选配具有不同孔数和孔径的排种盘，选用适当的传动速比。气力式排种器是20世纪30年代开始研制的新型排种器，对种子的大小要求不严，种子破损少，可适应7～10km/h的高速作业。其中，气吸式排种器是利用风机在排种盘一侧造成的负压排种；气压式排种器是利用风机产生的气流在种子箱内产生的正压排种，种子充填过程受风压大小的影响比气吸式小，工作较稳定；气吹式排种器具有类似窝眼轮的排种轮，种子进入窝眼后，由风机产生的气流从气嘴吹压入型孔。棉籽排种器专用于播种带短绒的棉籽，由装在圆筒形种子箱底部的水平搅拌轮和位于排种口下方的垂直拨子轮组成。为避免棉籽短绒缠结，往往先将棉籽与草木灰拌和，再装入种子箱。常用的开沟器多为滑刀式。此外，穴播机尚需配置开沟器的限深装置、覆土器和镇压轮等部件，还可根据需要配置免耕灭茬播种用的凿形铲或波纹圆盘、抗旱播种用的推干土铲、防治病虫害用的农药施撒装置等。

**4. 精密播种机** 以精确的播种量、株行距和深度进行播种的机械。具有节省种子、免除出苗后的间苗作业、使每株作物的营养面积均匀等优点。多为单粒穴播和精确控制每穴粒数的多粒穴播。一般在穴播机各类排种器的基础上改进而成。如改进窝眼轮排种器上孔型的形状和尺寸，使其只接受一粒种子并空穴；将排种器与开沟器直接连接或置于开沟器内以降低投种高度，控制种子下落速度，避免种子弹跳；在水平圆盘排种器上加装垂直圆盘式投种器，以改变投种方向和降低投种高度，避免种子位移；在双圆盘式开沟器上附装同位限深轮，以确保播种深度稳定。多粒精密穴播机是在排种器与开沟器之间加设成穴机构，使排种器排出的单粒种子在成穴机构内汇集成精确数量的种子群，然后播入种沟。此外，还研制了一些新的结构，如使用事先将单粒种子按一定间距固定的纸带播种，或使种子从一条垂直回转运动的环形橡胶或塑料制种带孔排入种沟等。

**5. 联合作业机和免耕播种机** 如在谷物条播机上加设肥箱、排肥器和输肥管，即可在播种的同时施肥。与土壤耕作、喷洒杀虫剂和除莠剂、铺塑料薄膜等项作业联合组成的联合作业机，有的能一次完成土壤播前耕作、施种肥、土壤消毒、开排水沟、播种、施杀虫剂和除莠剂等项作业。免耕播种机是在前茬作物收获后的茬地上直接开出种沟播种，也称直接播种机或硬茬播种机，可防止土壤流失，节约能源，降低作业成本，多用于谷物、牧草和青饲玉米等作物的播种作业。

# 项目二 常见的小麦播种机械简介

## 知识目标

1. 了解小麦免耕播种机主要结构。
2. 理解小麦免耕播种机工作原理。

## 技能目标

1. 学会正确使用与保养小麦播种机。
2. 掌握小麦免耕播种机的常见故障及排除方法。

### 一、主要结构与工作原理

2BMF-9、2BMF-11 型小麦免耕播种机主要由机架、种肥箱、排种、排肥机构、悬挂机构、传动机构、开口器总成、镇压轮总成组成，如图 2-2 所示。播种机工作时由驾驶员通过操作拖拉机液压控制系统使播种机地轮着地，地轮运动带动主动链轮转动，通过链条传动带动排种（肥）器转动，从而达到施肥、排种的目的。

图 2-2 2BMF-9、2BMF-11 型小麦免耕播种机
1. 种肥箱 2. 镇压轮装置 3. 防护罩 4. 地轮 5. 开沟器 6. 机架 7. 悬挂架

**1. 机架部分** 主要由优质矩形钢管焊成，用于连接各类工作部件。

**2. 排种（肥）机构** 主要由排种链轮、排种轴和排肥链轮、阻塞轮和输种管、输种管接头等组成。

该机的排种（肥）机构靠地轮转动带动主动链轮转动，通过链条传动将动力传递到排种（肥）链轮，带动排种（肥）轴转动。该机采用外槽轮式排种（肥）器，将种子和肥料分别排出，经输种（肥）管接头和输种（肥）管，最后落入开沟器开出的沟内。

**3. 开沟器** 采用侧施肥方式保证种肥的有效隔离，种肥不在同一条播幅内，种子与化肥间距为20mm，以避免烧种现象，且前后列布局、列距较大，避免了作业时的壅土现象。外槽轮式排种（肥）器下种、下肥量较大。

**4. 弹簧镇压机构** 该机作业时，开沟器开沟、施肥、播种完成后由镇压轮总成将开沟器松开的土壤进行碎土、镇压。该机构采用弹簧装置，能有效地调节和增强镇压强度。

**5. 悬挂机构** 该机在机架前梁上增焊了中央拉杆及下拉杆的悬挂销板，以实现和拖拉机悬挂机构的连接。

## 二、使用与保养

### （一）机具的使用

小麦机播具有播种均匀、深浅一致、行距稳定、覆土良好、节省种子、工作效率高等特点。正确使用播种机应掌握以下几点：

（1）在与拖拉机挂接后，不得倾斜，工作时应使机架前后呈水平状态。

（2）在播种前，先在地头试播，观察播种机的工作情况，达到农艺要求后再正式播种。

（3）调整、修理、润滑或清理缠草等工作，必须在停车后进行。

（4）在机械工作时，严禁倒退或急转弯，播种机的提升或降落应缓慢进行，以免损坏机件。

（5）播种时经常观察排种器、开沟器、覆盖器以及传动机构的工作情况，如发生缠草、粘土、种子覆盖不严现象，及时予以排除。

（6）作业时种子箱内的种子不得少于种子箱容积的1/5；运输或转移地块时，种子箱内不得装有种子，更不能压装其他重物。

### （二）机具的保养

**1. 班保养**

（1）在作业结束后，应清除机器上的泥土、杂草，检查连接件的紧固情况，如有松动，应及时拧紧。

（2）传动链等有摩擦的部位应加注相应的润滑油。

（3）检查各转动部件是否灵活，如不正常，应及时调整和排除。

**2. 存放保养**

（1）彻底清理播种机各处泥土、杂草等，冲洗种肥箱并晾干，涂防锈剂。

（2）播种机脱漆处应涂漆。损坏或丢失的零部件要修好或补齐，存放于通风干燥处，妥善保管。

（3）传动部分及润滑嘴均应清洗干净，各润滑部位均应加足润滑油，链轮、链条要涂油存放，对各弹簧应调整到不受力的自由状态。

（4）播种机上不要堆放其他物品，播种机应放在干燥、通风的库房内，如无条件，也可放在地势高且平坦处，用棚布加以遮盖，放置时应将播种机垫平放稳。

（5）播种机在长期存放后，在下一季节播种开始之前，应提早进行维护检修。

## 三、常见故障及排除方法

小麦免耕播种机常见故障及排除方法见表2-1。

**表2-1　小麦免耕播种机常见故障及排除方法**

| 常见故障 | 故障原因 | 排除方法 |
| --- | --- | --- |
| 链条常掉 | 链条太松或两链轮不水平 | 将链轮调整到同一水平面调整链条张紧轮 |
| 排种、排肥轮卡死 | 排种轴锈 | 加注润滑油，使之转动灵活 |
| | 种子、肥料中有异物 | 清除异物或缠绕物品 |
| 开沟器堵塞 | 作业时倒退或静止升降 | 正确操作 |
| | 有泥土或异物堵塞 | 清除泥土和异物 |

# 单元三 栽植机械

## 项目一 概 述

### 知识目标

1. 了解我国栽植机发展现状及发展趋势。
2. 了解栽植机工作时应满足的农业要求。

### 技能目标

1. 掌握栽植机械的类型。
2. 理解栽植机的一般构造和工作过程。

苗期作物所需土壤较少，但抵御风、沙、霜、病虫的能力差。依据以上特点，常常在温室、塑料棚或苗床中育苗，然后将其移栽到田间，这样不但便于苗期的管理，创造最佳温度、湿度的土壤环境，容易培育出壮苗，而且避开了作物生长前期田间的不利条件，延长了作物生长期，提高了作物的复种指数(我国中部和南部地区)，使土地得到充分利用。

作物在育成秧苗后，将其移植到田间的机械称作栽植机械或者移栽机械。栽植机械以作业的土地可分为两类：旱地栽植机械和水田栽植机械。水田栽植机械主要是水稻插秧机，旱地栽植机械栽植的作物主要包括甜菜、烟草、玉米、棉花、蔬菜等。栽植机械还可以按其栽植的秧苗形式分为裸苗和带土苗两种。

## 一、我国栽植机发展现状及趋势

### （一）发展现状

我国从20世纪60年代开始研究旱地栽植机械，初期的栽植机主要用来移栽玉米和棉花等作物。但农机和农艺明显脱节，忽略了综合经济效益，更没有科学地分析育苗移栽机械化过程的种植技术难题，从而使这一技术搁浅。近几年，由于国家对农业高新技术的推广应用的重视，以及劳动力成本的上升，育苗移栽得到了科研和生产部门的广泛关注。

### （二）发展趋势

经过40年的研究和推广，我国的旱地栽植机械有了较大的进展，但是目前仍然处在起步阶段，在许多方面还是空白，研制的移栽机几乎没有得到推广应用，这其中存在许多低水平的重复研究、农机和农艺脱节、相关技术及机具不配套等问题。

**1. 移栽机与配套技术机具脱节**　移栽作物的品种、育苗方式、苗龄、行距、株距、种植密度及深度等方面在我国各地区存在很大的差异，在过去的研究中，开发的栽植机械往往被动地适应个别地区和作物的农艺要求，不能和农艺有机结合。

最近几年，虽然研制成功的移栽机较多，但不仅不同作物移栽所需的钵体尺寸差异很大，各种移栽机所用同一作物的制钵方式和钵体形状也是五花八门；作物移栽后的田间管理等配套技术还未起步，这些都是影响移栽机推广的重要因素。作物移栽是一套完整的技术体系，包括用以筛选、输送、混拌营养土和制钵的机械，钵上精密播种、施肥、喷水喷药及其环境控制设备，整地和移栽后的田间管理等配套技术。

**2. 机具的“三化率”低**　出于保护自己技术的原因，企业间交流不通畅，这就直接造成研制出的机具系列化、通用化、标准化程度低，零部件的互换性差。国家和有关部门尚未制定出对栽植机评价的统一标准，部分单位研制机型只是为了完成课题任务，只是研制出样机，缺少相应的质量保证措施，制造机具所需工装工艺无法保证，造成生产的机具性能较差，故障率高，难以真正满足实际生产需要。

**3. 机具自动化程度有待提升**　国内研制的移栽机几乎都是半自动机型，结构简单，研制、生产所需的成本较低。但工作时必须采用手工喂苗的方式，栽植频率受限于工人的喂苗能力，一般栽植频率不能超过40株/min，导致喂入注意力高度集中，手工劳动强度大，移栽机作业效率低。

## 二、栽植机工作时应满足的农业要求

栽植机工作时应满足以下要求：

（1）作物株行距和栽植深度需均匀一致，并符合作物要求。

（2）保证秧苗栽植时基本垂直于地面，倾斜度一般不应超过30°，无窝根现象。

（3）避免伤秧，在钵苗栽植时，不应有严重破坏营养钵的现象。

（4）无漏植和重植。

例如油菜移栽机械化技术：

（1）育苗。育苗床要求平整、无杂草，一般在移栽前20～35d进行播种。苗床培育裸根苗播种量一般控制在每667m$^2$500g，待出苗后根据其疏密程度适当间苗。裸根苗苗高不超过15～25cm；钵体苗钵体直径不超过4cm，或截面不超过3cm×3cm。

（2）整地。耕整地质量的好坏直接关系到机械化栽植作业质量。前茬收获后，用除草剂除草，再进行整地，移栽田块要求平整，田面整洁、细而不烂，碎土层大于10cm，碎土率大于90%。对于前茬为水稻的田块要尽可能提前晾晒、整地，以使土块细碎，便于机器移栽。土壤非常板结或含水率过高无法达到较好耕整效果的“稻板田”，不适合现有的移栽机作业。

（3）移栽作业。根据当地高产栽培农艺要求，移栽前调节好行距、株距和栽植深度，行距一般为30cm，株距为20～30cm，栽植深度根据油菜苗的大小确定，一般为5～9cm。移栽作业要求不漏栽，苗直压实，不产生窝根、伤苗现象。

## 三、栽植机械的类型

### （一）钳夹式栽植机

我国栽植机又可分为链夹式栽植机和圆盘钳夹式栽植机两种，其工作原理基本相同，主要有2ZT型移栽机、2ZY-2型油菜移栽机、2ZB-2型移栽机。圆盘钳夹式栽植机的苗夹安装在栽植圆盘上，秧苗做圆周运动，株距取决于苗夹的数量。链夹式栽植机是把苗夹安装在循环运动的链条上。这两种栽植机均由地轮或镇压轮传出动力，当放有秧苗的苗夹随圆盘或链条运动转至垂直地面时，把秧苗放入栽植沟内，完成栽植。钳夹式栽植机的苗床夹部位在喂入区移动的线速度大大低于栽植时的线速度，提高了人工喂苗的准确性，保证了栽植质量。但是实际栽植裸根秧苗过程中，栽植手依次将秧苗一株株喂入苗夹内时，要求喂苗角度有一定的范围，而且栽植手必须给予秧苗以一定的扶持，以不致使秧苗的冠部和叶部完全展开；否则，在秧苗随苗夹由上向下移入滑道并借助滑道使苗夹关闭时易夹断或夹伤秧苗。钳夹式移栽机的主要优点是结构简单，株距和栽植深度稳定，适合栽植裸根苗和钵苗；缺点是栽植速度慢，株距调整困难，钳夹容易伤苗，栽植频率低，一般为 30 株/min。

### （二）挠性圆盘式栽植机

挠性圆盘式栽植机由两片挠性圆盘夹持秧苗，由于不受秧夹数量的限制，它对株距的适应性较好，在小株距移栽方面具有良好的推广前景。圆盘一般由橡胶材料制成，结构简单，成本低。但圆盘使用寿命较短，且栽植深度不稳定；移栽时，由人工直接将秧苗喂入挠性圆盘会产生较大的株距变异。为了解决这一问题，目前挠性圆盘一般与具有一定分苗功能的部件结合，通过输送带来实现均匀喂苗。

### （三）吊篮式栽植机

人工将钵苗放入旋转到最高位置的吊篮或栽植器内，栽植器随偏心圆盘转到最低位置附近时，固定滑道使栽植器下部打开，钵苗落入苗沟内，随后被覆土定植。吊篮式栽植机主要有 2ZB-6 型钵苗栽植机（黑龙江八五〇农场研制）、2YZ-40 型吊篮式钵苗栽植机（莱阳农学院研制），其结构大致相同，具有膜上打孔的突出优点，而且秧苗落地无冲击，不伤苗，但工作速度受到限制，结构较复杂。

### （四）带式栽植机

带式栽植机由水平输送带和倾斜输送带组成，两带的运动速度不同，钵苗在水平输送带上直立前进，在带末端翻倒在倾斜输送带上，当运动到倾斜带的末端时，钵苗翻转直立落到苗沟中。这种栽植器结构简单，栽植频率高达 4 株/s。但是，在工作可靠性与栽植质量方面尚需要进一步改进。

### （五）导苗管式栽植机

我国目前的导苗管式栽植机，形式大同小异。采用水平回转喂入杯式的有 2ZB-4 型杯式钵苗移栽机（黑龙江农垦科学院研制）、2ZDF 型半自动导苗管式移栽机（中国农业大学研制）等，采用水平回转格盘式的有 2ZY-2 型玉米钵苗移栽机（吉林工业大学研制），采用带喂入式的有 2ZG-2 型带式喂入钵苗移栽机（山东工程学院研制）。

导苗管式栽植机可以克服上述回转式栽植器的共同缺点，秧苗在导苗管中的运动是自由的，靠重力落到苗沟中。在保持高速导苗管一定倾角和增加扶苗装置的情况下，可以保证较好的秧苗直立度、株距均匀性和密度稳定性。栅条式扶苗器对裸根苗和钵苗移栽的效果均较好，推动式扶苗装置适于钵苗移栽。从栽植效率来看，带式喂入栽植效率最高，但仅限于钵苗移栽，且要求钵苗不能破损，其他喂入方式速度基本相同。

### （六）空气整根营养钵育苗移栽机

吉林工业大学利用空气整根育苗技术研究开发了空气整根营养钵育苗移栽系统，采用了真空投苗机构。该移栽机在投苗过程中，秧苗与运动部件不接触，将秧苗的损伤降到了最低限度。移栽机的移行机构由步进电机驱动，位置精度很高。移栽机的全部工作由单片机控制，可以实现移栽全自动化，大大提高了移栽机作业效率。

## 四、栽植机的一般构造和工作过程

### （一）结构

由机架、栽植机构（主要部件）、开沟器、地轮（动力来源）、镇压轮及传动部件组成，如图 3-1 所示。

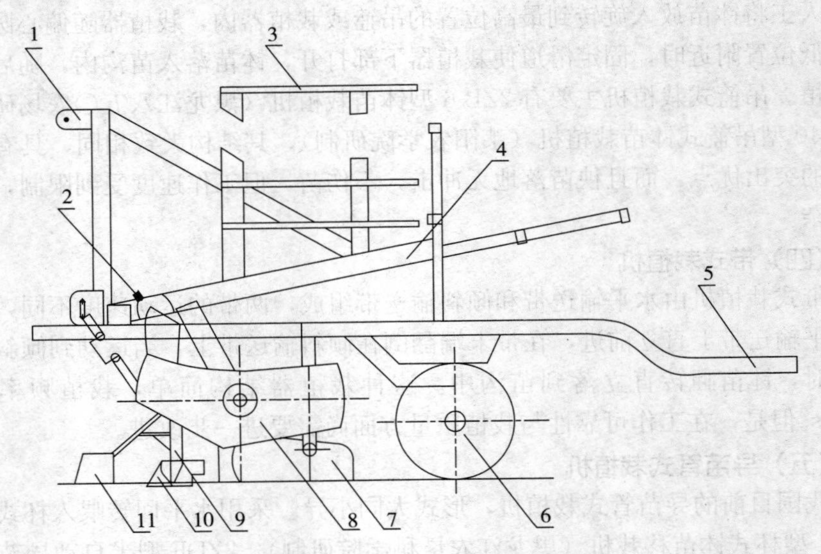


图 3-1　2ZG-2 型带式喂入栽植机结构

1. 机架　2. 扶正器　3. 盘架　4. 喂入机构　5. 座位　6. 镇压轮　7. 覆土板　8. 地轮　9. 导苗管　10. 开沟器　11. 刮土器

### （二）工作过程

栽植机的工作过程为开沟→分秧→人工→栽植→覆土→压实。

工作时，地轮转动，通过链条带动栽植器链条运动。当秧夹进入喂秧区时，由栽植手将秧苗喂入秧夹上，秧苗随秧夹由上往下平移进入滑道，借助滑道作用迫使秧夹关闭而夹紧秧苗，秧苗由上下平移运动变成回转运动，秧夹转到与地面垂直时，脱离滑道控制的秧夹，在橡皮弹力作用下，自动打开，秧苗脱离秧夹而垂直落入已开好的沟中。秧苗根部接触沟底瞬间，由镇压轮覆土压实，秧苗被栽植。机组不断前进，秧夹继续随链条运动。通过返程区，然后又进入喂秧区，如此循环进行栽植作业。

# 项目二　油菜栽植机械

## 知识目标

1. 了解油菜栽种机结构。
2. 了解油菜栽种机技术性能与特点。

## 技能目标

1. 学会正确使用与保养油菜栽种机械。
2. 掌握油菜蔬菜栽种机常见故障及排除。

### 一、栽植机结构

该栽植机主要由链条、秧夹、驱动地轮、链条、镇压覆土轮、开沟器、机架、滑道等组成（图3-2）。作业时，拖拉机的动力通过传递到开沟器的轴上，

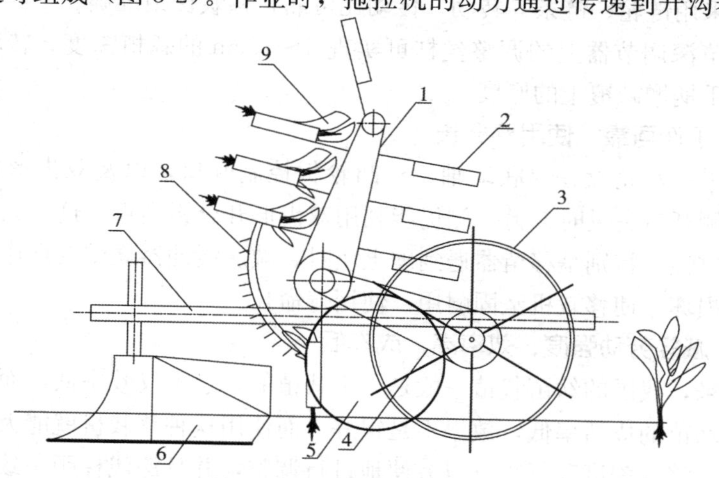


图3-2　油菜蔬菜栽植机结构

1. 链条　2. 秧夹　3. 驱动地轮　4. 链条　5. 镇压覆土轮　6. 开沟器　7. 机架　8. 滑道　9. 秧苗

从而带动开沟器刀盘旋转，完成开沟作业。与此同时，固定在拖拉机驱动轮右半轴上的链轮通过两级链轮减速，将动力通过牙嵌式离合器传递到秧苗夹盘轴上，从而带动苗夹在轨道内转动。栽植手将菜苗放进张开又即将进入轨道的苗夹内。当苗夹转动到最低点时，轨道脱轨，苗夹张开并将菜苗放进已开好的沟内，由覆土机构将开苗夹的菜苗覆土压实，从而完成开沟、放苗和覆土作业。

## 二、技术性能与特点

### （一）技术先进，移栽质量高

此油菜栽植机采用了偏心轮盘连杆和双凸轮板机构，同时联动精确控制移栽环节，利用双轮盘旋压，栽苗器钳嘴向两侧方向开穴，栽苗，覆土等，确保了无漏栽苗和伤苗现象发生，这就很好地保证了秧苗移栽机质量和成活率，解决了人工移栽过程中的株距不均、移栽效率低等问题。

### （二）结构新颖，适用范围广

此油菜栽植机是采用双盘旋压、偏心盘和多连杆联动带动栽苗移植为一体的科学先进的系统，具有整机结构紧凑、一机多用等特点。根据配备的牵引动力大小和在牵引架上安装栽种器总成的个数可实现 1～6 行的栽植作业，既能实现大平原农场，也能解决大棚等秧苗栽植。

### （三）性能可靠，操作灵活

该机采用链轮、链条等转动，传动比可靠，移栽株距准确。

调整苗深调节器上的调整丝杠可实现 5～13cm 的栽植深度。转动覆土调整器上的手柄增减覆土的厚度。

### （四）工作可靠，使用寿命长

该机采用双轮盘、双联动轴、双凸轮板控制开口，以及双齿形钳嘴开口板。当一侧开口失灵时，另一侧仍能利用双齿形开合钳嘴板，这就大大地保证了工作可靠性。特别是移苗器遇到硬土块时，减震缓冲器立刻发挥作用，防止移栽机的损坏，使移栽机坚固耐用，使用寿命长。

### （五）减轻劳动强度，效率高，成本低

多年来，我国的幼苗栽植一般是人工栽植的，这不仅效率低，而且浪费劳力，结果幼苗的成活率低，效果不是很好。而使用这种移栽机就能大大地提高生产效率，移栽深度和行距可以方便地进行调整，并且深浅株距一致，大大提高了秧苗移栽质量。移栽费用大大降低，作物生长成熟期一致，这就达到了好管理、高产量、经济效益明显提高的目的。

## 三、使用与保养

### （一）使用前的准备

（1）使用前根据秧苗移栽株距，调整安装栽苗器总成的个数和链轮 $Z_a$、$Z_b$ 齿数。

（2）选用好链轮后，按第三项安装调整好移栽机。

### （二）使用前的检查

（1）检查各紧固件有无松动或脱落，要求每天使用前检查一次。

（2）检查移苗器在入地之前是否调至最高位置，以防损坏零部件。

### （三）使用前的润滑

使用前对各指定部位加入规定量的指定润滑脂，减少损磨，延长移栽机使用寿命。

### （四）保养的方法

（1）作业中应及时清理钳嘴板上的泥土，以免影响移栽质量。

（2）操作人员在作业中要随时观察移栽机作业状态，转动部位润滑要良好。发现问题应及时注油或停车检修。

（3）每次作业结束后要及时检查各部位螺栓是否有松动现象，发现异常及时矫正。

（4）长期停放不用时，应涂油防锈蚀。

## 四、常见故障及排除

油菜蔬菜栽植机常见故障及排除方法见表 3-1。

**表 3-1　油菜蔬菜栽植机常见故障及排除**

| 故　障 | 产生原因 | 排除方法 |
|---|---|---|
| 钳嘴闭合不严 | 有黏土粘到钳嘴板上 | 清除钳嘴上的黏土 |
| | 复位弹簧失效 | 更换复位弹簧 |
| 钳嘴开口不够大 | 钳嘴板上部尼龙轮磨损过大 | 更换钳嘴上部尼龙轮 |
| 主动链轮不转或转速不稳 | 棘爪槽内有异物 | 清除棘爪槽内异物 |
| | 棘爪失效 | 更换棘爪 |
| | 棘爪弹簧失效或脱落 | 更换弹簧或重新挂好弹簧 |

# 单元四

# 植物保护机械

## 项目一　概　述

### 知识目标

1. 了解植物保护的意义、植物保护机械的分类。
2. 了解植物保护的方法、植保机械的发展概况。

### 技能目标

1. 能够正确区分植物保护机械的类别。
2. 会利用具体的植物保护方法进行植物的保护。

### 一、植物保护的意义

农作物在生长发育过程中，常常遭受到病菌、害虫和杂草等生物的侵害，轻则局部或个别植物发育不良，生长受到影响，重则全株或整片作物被毁坏。受害作物不仅会使产量降低、品质变差，影响到最后的评价结果，甚至会毫无收获，如果不及时防治和预防则会造成农业生产的巨大损失。因此必须做好植物保护工作，做到经济而有效，防重于治，把病虫害消灭在作物受到危害之前，以达到稳产高产的目的。

### 二、植物保护机械的发展状况

植物保护是农林作物生产的重要组成部分，是确保农林作物丰产丰收的重要措施之一。为了经济而有效地进行植物保护，应发挥各种防治方法和积极有效措施，进而保护农林作物。贯彻“预防为主，综合防治”的方针，把病、虫、草害以及其他有害生物消灭于作物受到危害之前，不使其造成大面积的灾害。

随着农业化学药剂的不断发展，喷施化学制剂的机械已日益普遍。这类机械主要有以下用途：喷洒杀菌剂或者杀虫剂防治植物病虫害；喷洒除草剂消灭莠草；喷洒药剂对土壤消毒、灭菌；喷施生长激素以促进植物的生长或成熟抗倒伏。目前，国内外植物保护机械化总的趋势是向着高效、经济、安全方向发展。在提高劳动生产率方面，如加大喷雾剂的工作幅宽，提高作业速度，发展一机多用，联合作业机组，同时还广泛采用液压操作、电子自动控制，以降低操作者的劳动强度；在提高经济方面，提倡科学施药，适时适量地将农药均匀地喷洒在农作物上，并以最少的药量达到最好的防治效果。要求施药精确，机具上广泛采用施药量自动控制和随动控制装置，使用药液回收装置及间断喷雾装置，同时还积极进行静电喷雾应用技术的研究等。此外，更注意安全保护，减少污染。随着农业生产向着深度和广度发展，开辟了植物保护的综合防治手段的新领域，生物防治和物理防治器械和设备将有较多的应用，如超声技术、微波技术、激光技术、电光源在植保中的应用及生物防治设备的开发等。

植保机械的分类方法，一般按所用的动力可分为人力（手动）植保机械、畜力植保机械、小动力植保机械、拖拉机配套植保机械、自走式植保机械、航空植保机械。按照施用化学药剂的方法可分为喷雾机、喷粉机、土壤处理机、种子处理机、撒颗粒机等。

## 三、植物保护的方法

### （一）农业技术防治法

利用相应的农业技术，通过作物品种选育、施用化肥、改进栽培方法、实行合理轮作、改良土壤等手段消灭病虫害的方法（图 4-1）。

### （二）生物防治法

利用害虫的天敌、生物间的寄生关系或抗生作用来防治病虫害（图 4-2）。近年来这种方法在国内外都获得很大发展，如我国在培育赤眼蜂防治玉米螟、夜蛾等虫害方面已经取得了很大成绩。为了大量繁殖这种昆虫，还研制成功培育赤眼蜂的机械，使生产率显著提高。采用生物防治法，可减少农药残毒对农产品、空气和水的污染，保障人类的健康。因此，这种

图 4-1　改良土壤法

防治方法日益受到重视，并得到迅速发展。

图 4-2　生物防治法

## （三）物理和机械防治法

物理和机械防治法是利用物理方法和相应的工具消灭病虫害的方法。例如机械捕打、果实套袋、紫外线照射、超声波高频震荡、高速气流吸虫机等。这些方法都可以达到预期的目的（图 4-3）。

紫外线照射：

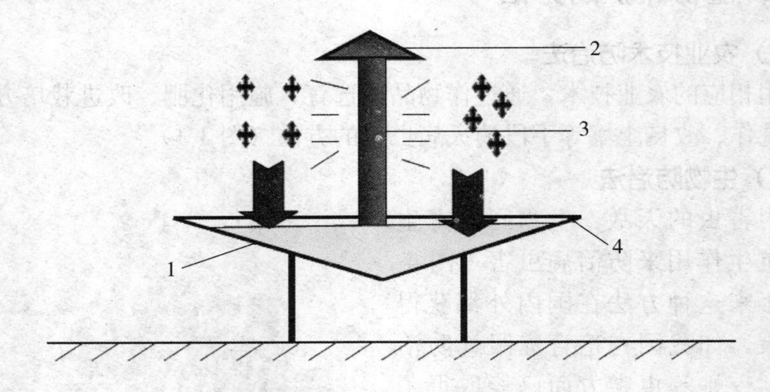


图 4-3　物理和机械防治法

1. 农药　2. 防雨罩　3. 紫外线灯　4. 农药承接器

## （四）化学防治法

化学防治法是利用各种化学药剂来消灭病虫、杂草及其他有害动物的方法。特别是有机农药大量生产和广泛使用以来，已成为植物保护的重要手段。

这种防治方法的特点是操作简单，防治效果好，生产率高，而且受地区和季节的影响较少，故应用较广。但是如果农药不合理使用，就会污染环境，破坏或影响整个农业生态系统，在作物植株和果实中容易留残毒，影响人体健康。因此，使用时一定注意安全。化学药剂施用的方法很多，主要有以下几种：

**1. 喷雾法**　通过高压泵和喷头将药液雾化成100～300μm的方法。有手动和机动之分。它喷出的雾滴距离较远，受气候影响较小，药液能较好地覆盖在植株上，药效持久，具有较好的防治效果和经济效果。

**2. 弥雾法**　利用风机产生的高速气流将粗雾滴进一步破碎，雾化成75～100μm的雾滴，并吹送到远方。其特点是雾滴细小，飘散性好，分布均匀，覆盖面积大，可大大提高生产率和喷洒浓度。

**3. 超低量法**　利用高速旋转的齿盘将药液甩出，形成15～75μm的雾滴，可不加任何稀释水，故又称超低容量喷雾。这种方法是防治病、虫害的一项新技术，它不用或很少用稀释剂。为了防止蒸发，药液为油性溶液。由于雾粒细微，下降漂移慢，与作物叶面有更好的附着性能，所以具有防治效果好、工作效率高、节约农药等特点。其缺点是受自然风力影响大，植株下部病、虫害防治效果差，对药液选用和安全防护要求高。

**4. 喷烟法**　利用高温气流使预热后的烟剂发生热裂变，形成1～50μm的烟雾，再随高速气流吹送到远方。有效地附着在作物的各个部位。此种方法适于果树、橡胶树和森林的病、虫害防治，适用于棉花生长后期及高秆作物的病虫防治；还适用于农业保护地的温室、塑料大棚、室内卫生杀菌和畜舍消毒等方面。喷烟灭虫不仅可以节省农药，而且防治效果好。

**5. 喷粉法**　利用风机产生的高速气流将药粉喷洒到作物上。其特点是所产生的喷粉流穿透能力强，能在作物丛中均匀弥漫，对害虫产生触杀熏蒸作用，达到较好的防治效果，尤其对因水分过多而产生霉烂病害的防治效果最为明显。

# 项目二　背负式手动喷雾器

## 知识目标

1. 了解背负式手动喷雾机械按照不同的原理、药液量等分类情况。
2. 掌握背负式手动喷雾机械的构造和相关工作原理。
3. 掌握背负式手动喷雾机械的使用与保养。
4. 掌握背负式手动喷雾机械常见故障的排除。

## 技能目标

1. 能够简单区分背负式手动喷雾机械所属类型及适用植物保护的类别。
2. 能利用背负式手动喷雾机械工作原理图和相关内容分析其工作过程。
3. 学会背负式手动喷雾机械的正确使用和保养。
4. 能够分析背负式手动喷雾机械使用中常见故障的原因及排除方法。

喷雾机的功能是使药液雾化成细小的雾滴，并使之喷洒在农作物的茎叶上。田间作业时对喷雾机的要求是雾滴大小适宜，分布均匀，能到达被喷目标需要药物的部位，雾滴浓度一致，机器部件不宜被药物腐烂，有良好的人身安全防护装置。它具有结构简单、使用方便、适用性广等特点。喷雾机按药液喷出的原理分为液体压力式喷雾机、离心式喷雾机、风送式喷雾机和静电式喷雾机等。此外，如按单位面积施药液量的大小来分，可以分为高容量、中容量、低容量和超低量喷雾机等。

喷雾机的种类和型号很多，这里简单介绍关于手动背负式喷雾器和机动喷雾喷粉机的相关内容。

背负式喷雾器由操作者背负，它是目前使用广泛、生产量大的一种手动喷雾器和机动喷雾喷粉机。

背负式喷雾器的型号较多，各种型号的喷雾机器除药液箱的大小、形状有所区别外，主要构造和工作原理基本相同。现以 3WBS-16 型背负式手动喷雾器为例进行说明。

### 一、构造和工作原理

#### （一）构造

WBS-16 型背负式手动喷雾器的构造如图 4-4 所示，包括工作部件和辅助部件两大部分。工作部件主要是液泵和喷射部件，辅助部件包括药液箱、空气室和传动机构等。

**1. 药液箱** 由箱体、加水盖、滤网盘、背带等组成。药液箱的横截面成腰子形或圆筒形。

**2. 空气室** 位于药液箱的外侧、出水阀接头的上方，是一个中空的全封闭外壳。

**3. 液泵** 装在药液箱内，主要由缸筒帽、缸筒、塞杆、皮碗、进水阀、出水阀、吸水滤网和空气室等组成。泵的操作手柄可装在药液箱的左侧或右侧，以方便操作。

**4. 喷射部件**　由套管、喷杆、开关、喷雾软管和喷头等组成。

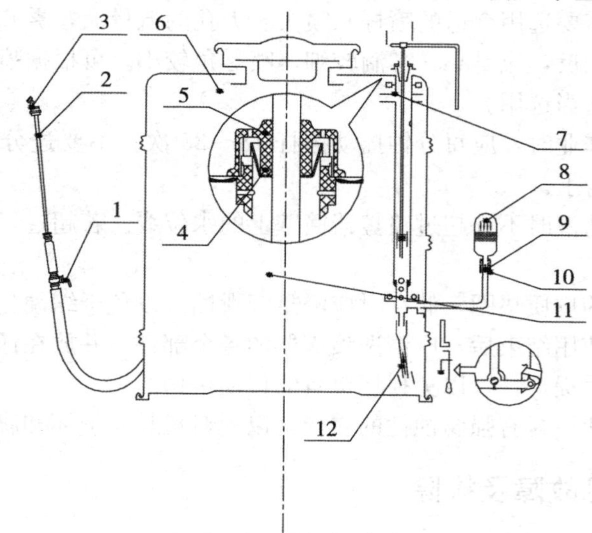


图 4-4　手动背负式喷雾器

1. 开关　2. 喷杆　3. 喷头　4. 毡垫　5. 泵盖　6. 药液箱　7. 缸筒
8. 空气室　9. 出水球阀　10. 出水阀座　11. 进水球阀　12. 吸水管

### （二）工作原理

当操作者上下手动摇杆时，通过连杆带动塞杆和皮碗在缸筒内做上下往复式运动，当塞杆和皮碗上行时，出水阀关闭，缸筒内皮碗下方的容积增大，压力减小，药液箱内的药液在大气压力作用下，经吸水滤网冲开进水球阀，进入缸筒。当摇杆带动塞杆和皮碗下行时，进水阀被关闭，缸筒内皮碗下方容积减小，压力增大，皮碗下方的药液即冲开出水球阀，进入气室。由于塞杆带动皮碗不断地上下运动，使气室内的药液不断增加，气室内空气被压缩，从而产生了一定的压力，这时如打开开关，气室的药液在压力作用下，通过出液接头，压向胶管，流入喷管、喷头体的涡流室，经喷孔呈圆锥雾状喷出，并被粉碎成雾滴。

## 二、使用与保养

背负式手动喷雾器除应严格按照产品使用说明书的要求进行使用保养外，还应注意以下几点。

（1）喷雾器上的新牛皮碗在安装前应浸入机油或动物油（忌用植物油），浸泡 24h。向泵筒中安装塞杆时，应注意将牛皮碗的一边斜放在泵筒内，然后使之旋转，将塞杆竖直，用另一只手将皮碗边沿压入泵筒内，就可顺利装入，切忌硬性塞入，以免损坏皮碗。

（2）根据需要选用合适的喷杆和喷头。大孔的流量大，雾滴较粗，喷雾角较大；小孔的相反，流量小，雾滴较细，喷雾角较小，可根据喷雾作业的要求和作物的大小适当选用。

（3）背负作业时，应每分钟摇动摇杆18～25次。不要过分弯腰，以防药液溢出而溅到身上。

（4）加注药液时不许超过喷雾器筒壁上的水位线。若超过，将会影响工作状态。

（5）所用的皮质垫圈，储存时应浸足润滑油，以免干缩硬化。

（6）每次使用结束后，应清洗喷雾器的各个部件，并放在通风处干燥。

（7）禁止手提连杆，以免损坏机具的传动机构。

（8）禁止使用含有强腐蚀性的农药，以免对机具有损坏和腐蚀。

## 三、常见故障及排除

背负式手动喷雾器常见故障及其排除方法见表4-1。

**表4-1　背负式手动喷雾器常见故障及其排除方法**

| 故障现象 | 故障原因 | 排除方法 |
|---|---|---|
| 摇动手柄时，感到沉重吃力 | 皮碗扎住或损坏 | 取下皮碗，放在机油中浸泡，如已损坏应更换皮碗 |
| | 塞杆弯曲 | 加以校直后再用 |
| | 出水阀阻塞 | 拆下出水阀，取出玻璃球，涮洗干净后装好，用煤油清洗 |
| | 各活动处卡死、生锈 | 给各活动处涂抹黄油，对生锈的部件进行擦洗或者更换 |
| 摇动手柄时，不进药液 | 进水阀失去作用 | 拆下进水阀进行清洗 |
| | 吸水滤网堵塞 | 清洗滤网片 |
| | 缸筒内皮碗干缩或损坏 | 用机油浸泡皮碗后，再装上或更换皮碗 |
| | 连接部位漏气 | 检查各连接处的垫圈 |
| 摇动手柄时，气室内有药液进入，但喷不出雾 | 各部件发生阻塞 | 检查并清洗堵塞物 |
| | 开关未开 | 打开开关 |
| 手柄摇动一下雾就喷出一点，不摇就不出雾 | 打气前未关好开关，气室内被药液充满而没有空气 | 应旋转气室，倒出药液，装好后关闭开关，重新打气，然后打开开关喷雾 |

（续）

| 故障现象 | 故障原因 | 排除方法 |
| --- | --- | --- |
| 喷雾不良，不呈圆锥形 | 喷孔片、喷孔、喷头体斜孔被堵塞 | 清除堵塞物，不要用钢丝等硬物通孔，以免损坏孔径 |
| | 喷孔磨损，形状不圆整 | 整修喷孔或更换喷头片 |
| 缸筒帽处塞杆四周冒水 | 药液装得太满 | 倒出一些药液，不要超过安全水位线 |
| | 垫圈损坏，不起密封作用 | 更换新件 |
| 各部位漏水 | 螺丝连接处松动 | 旋紧松动的螺丝 |
| | 连接处垫圈干缩、硬化或损坏 | 更换垫圈，干缩硬化的皮垫圈在机油中浸泡胀软后再用 |

# 项目三　背负式机动喷雾喷粉机械

## 知识目标

1. 了解背负式机动喷雾机械的优点和工作环境。
2. 掌握背负式机动喷雾机械、喷粉机械的构造和工作原理。
3. 掌握背负式机动喷雾机械的使用与保养。
4. 掌握背负式机动喷雾机械常见故障及排除。

## 技能目标

1. 能利用背负式机动喷雾机械工作原理和相关内容分析其工作过程。
2. 学会背负式机动喷雾机械的正确使用和保养。
3. 学会识别背负式机动喷雾机械遇到的故障并能排除。

背负式机动喷雾喷粉机是一种轻便、灵活、高效的植保机械，它具有使用维修方便、工作可靠、一机多用、生产效率高等优点，广泛应用于较大面积的农林作物病虫害的防治，是目前较常用的植保机械之一。

背负式机动喷雾喷粉机，可以完成喷粉喷雾、喷施颗粒肥料、除草剂、植物生长调节剂等项作业，并且它不受地理位置的限制，主要适用于大面积农林作物的病虫害防治以及田间除草、城市卫生防疫、消灭害虫等工作，是目前较理想的小型植保机械。

下面以 WFB-18A 型背负式机动喷雾喷粉机（图 4-5）为例进行说明。

## 一、构造和工作原理

### （一）构造

背负式喷雾喷粉机主要由机架、离心式风机、汽油机、油箱、药箱、喷管组件、喷头等部件组成。

**1. 机架** 机架由上、下机架两部分组成。它是全机的支撑部分，有关构件都安装在它上面。上机架用来固定药箱和油箱，下机架用来安装机器零部件。机架上还装有背板、背垫和背带，供操作人员背负机具使用。为了减轻震动，使操作人员背起来舒适，在发动机和机架之间装有减震装置。

图 4-5 WFB-18A 型背负式机动喷雾喷粉机

**2. 离心式风机** 风机是背负式喷雾喷粉机的重要部件之一。离心式风机是产生高速气流的部件，主要由风机壳、叶轮组装、风机后盖等组成。蜗室的作用是将叶轮旋转产生的动能转换成输送气流的压能。

根据风机叶轮组装上的叶片弯曲方向，可以将风机分为向风机旋转方向弯曲的径向前弯式叶片风机和反风机旋转方向弯曲的径向后弯式叶片风机。其特点如下：径向前弯式叶片风机在同样风压下叶轮直径较小，这样就使整个风机体积也比较小；叶轮内径及宽度较大，具有风量大、风压高的优点，但功率消耗大。径向后弯式风机性能特点与前弯式相反。

**3. 药箱** 药箱是盛装药粉或药液的装置，并借助引进高速气流进行输入药液。根据喷雾或喷粉作业的不同，药箱中的装置也不一样。喷雾作业时的药箱装置由药箱、箱盖、箱盖胶圈、过滤网、进气软管、进气塞及粉门等件组成。需要喷粉时，药箱不需要调换，只需将过滤网连同进气塞取下，换上吹粉管即可。为了防止腐蚀，其材料主要为耐腐蚀的塑料和橡胶。

**4. 喷管装置** 喷管装置的功用是输风、输粉流和药液，主要包括弯头、软管、直管、弯管、喷头、药液开关和输液管等。

**5. 油箱** 油箱的功用是存放汽油机所用的燃油，包括油箱、滤网组合、油箱盖、螺栓、油箱密封垫、油箱密封圈和螺母。油箱盖侧部有一小孔，为通气孔，以保证油箱内压力与大气压力相等。

**6. 喷头** 目前喷雾机械上使用的喷头主要有切向离心式喷头、涡流芯式喷头和涡流片式喷头、扇形喷头、弥雾喷头、喷粉头等。

### （二）工作原理

**1. 喷雾工作过程** 喷雾作业时工作过程如图 4-6 所示，风机叶轮与汽油机输出轴连接，汽油机带动风机叶轮旋转，产生高速气流，并在风机出口处形成一定压力。其中大部分高速气流经风机出口流入喷管，而少量气流经挡风板、进气胶塞、进气软管，经过滤网出气口返入药箱，使药箱内形成一定的压力，药液在风压的作用下，经塑料粉门、出水塞接头、输液管、开关手把组合、喷口，从喷嘴周围小孔以一定的流量流出。流出的药液被喷管内高速气流冲击，弥散成极细的雾粒，并随气流吹到很远的前方，从而实现喷雾作业。

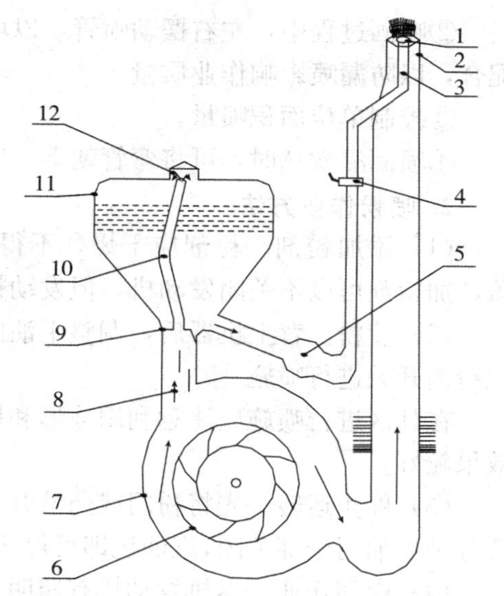


图 4-6　弥雾机的构造和工作过程

1. 喷头　2. 喷管　3. 输液管　4. 开关　5. 输液接头　6. 叶轮　7. 风机　8. 进风阀　9. 进气塞　10. 软管　11. 药箱　12. 滤网

**2. 喷粉工作原理**　喷粉时，同喷雾一样，发动机带动风机叶轮旋转，大部分气流流向喷管，少量气流经挡风板进入吹粉管。进入吹粉管的气流由于速度高又有一定压力，使风从吹粉管周围的小孔吹出，将粉松散，并吹向粉门；由于输粉管内受喷管内高速气流吸力作用而呈负压，将粉剂吸向弯管内，这时的粉剂被风机吹出来的高速气流吹向远方，从而实现喷粉作业。药箱内吹粉管上部的粉剂借汽油机工作时产生的振动，不断下落供吹粉管吹送，药箱内基本上不会有积粉。

## 二、使用与保养

### （一）使用

**1. 喷雾作业方法**

（1）增添药液。加药液前，用清水试喷一次，检查各处有无渗漏；加液不要过急、过满，以免从过滤网出气口处溢进风机壳里；药液必须干净，以免堵塞喷嘴。加药液后一定拧紧盖，加药液可以不关闭发动机，但发动机要处于低速转动状态。

（2）喷洒。机器背上背后，调整手油门开关使发动机工作稳定。然后开启手把药液开关，使转芯手把朝着喷头方向。

喷洒药液时应注意以下几个问题：

①开关开启后，随即用手摆动喷管，严禁停留在一处喷洒，以防引起药害。

②喷洒过程中，左右摆动喷管，以增加喷幅。前进速度与摆动速度应适当配合，以防漏喷影响作业质量。

③控制单位面积喷量。

④喷洒灌木丛时，可将弯管朝下，以防药液向上飞扬。

**2. 喷粉作业方法**

（1）添加粉剂。粉剂应干燥，不得有杂草、杂物等。加粉剂后一定拧紧盖，加粉剂可以不关闭发动机，但发动机要处于低速转动状态。

（2）喷粉。背上机器后，调整手油门开关使发动机工作稳定。然后开启手把粉剂开关进行喷施。

在林区进行喷施应注意利用地形和风向，晚间利用作物表面露水进行喷施效果较好。

（3）停止运转。先将粉门或药液开关闭合，再减少油门，使汽油机低速运转几分钟后油门全部关闭，汽油机即可停止运转，然后放下机器将燃油阀关闭。

（4）夜间作业。本机发动机有照明线圈，如需夜间作业，可以将灯头的接点与照明线连接，即可进行照明，这样可以大大提高作业效率，也可以提高劳动效率。

### （二）保养

**1. 日常保养** 每天工作完毕后应按下述方法进行保养：

（1）药箱内不得残存剩余粉剂或药液。

（2）清理机器表面油污和灰尘。尤其是喷粉作业时应勤擦拭。

（3）用清水洗刷药液箱，尤其橡胶件。汽油机切勿用水冲刷。

（4）检查各连接处是否漏水、漏油，并及时排除。

（5）检查各螺丝是否松动、丢失，并及时修整。

（6）保养后的机器应放在干燥通风处，切勿靠近火，避免日晒。

**2. 长期存放** 机器长期存放时，为防止锈蚀、损坏，必须按下述方法封存：

（1）汽油机按规定说明进行。

（2）将机器全部拆开，仔细清洗零部件上的油污和灰尘。

（3）用碱水或肥皂水清洗药箱、风机、输液管，再用清水清洗。

（4）风机壳清洗干燥后，擦防锈黄油保护。

（5）用塑料罩或其他物品盖好，放于通风干燥处。

## 三、常见故障及排除

背负式机动喷雾喷粉机常见故障及排除方法见表4-2。

表 4-2 背负式机动喷雾喷粉机常见故障及排除方法

| 故障现象 | 故障原因 | 排除方法 |
| --- | --- | --- |
| 喷粉时发生静电 | 喷管为塑料制件，喷粉时粉剂在高速冲刷下造成摩擦起电 | 在两卡环之间连一根铜丝即可，或用一金属链，一端连接在机架上，另一端与地面接触 |
| 喷雾量减少或喷不出来 | 喷嘴堵塞 | 旋下喷嘴清洗 |
| | 开关堵塞 | 旋下转芯清洗 |
| | 挡风板未打开 | 开启挡风板 |
| | 药箱盖漏气 | 将盖盖严，检查胶圈是否垫正 |
| | 汽油机转速下降 | 检查下降原因 |
| | 药箱内进气管拧成麻花 | 重新安装 |
| | 过滤网组合通气孔堵塞 | 扩孔畅通 |
| 垂直喷雾时不出雾 | 如无上述原因则是喷头抬得过高 | 喷管倾斜一角度可达到喷射高度目的 |
| 输液管各接头漏液 | 塑料管因药液浸泡变软，连接松动 | 用铁丝拧紧各接头或换新塑料管 |
| 手把开关漏水 | 开关压盖未旋紧 | 旋紧压盖 |
| | 开关芯上的垫圈磨损 | 更新垫圈 |
| | 开关芯表面油脂涂料少 | 在开关芯表面涂一层少量的浓脂油 |
| 药箱盖漏水 | 未旋紧 | 旋紧 |
| | 垫圈不正或胀大 | 重新垫正或更换垫圈，倾斜机器倒出来 |
| 药液进入风机 | 进气塞与进气胶圈配合间隙过大 | 更换进气胶圈或将进气塞周围缠一层布，使之与进气胶圈配合有一定的紧度 |
| | 进气胶圈被药液腐蚀失去作用 | 更换新的 |
| | 进气塞与过滤阀组合之间进气管脱落 | 重新安好，用铁丝紧固 |
| 喷粉量前多后少 | 机器本身存在喷粉量前多后少特点 | 开始时可用粉门开关控制喷量 |
| 喷粉量开始就少 | 粉门未开全 | 全部打开 |
| | 粉湿 | 换用干燥粉 |
| | 粉门阻塞 | 清除堵塞物 |
| | 进风阀未全开 | 全部打开 |
| | 汽油机转速不够 | 检查汽油机 |

（续）

| 故障现象 | 故障原因 | 排除方法 |
|---|---|---|
| 药箱跑粉 | 未盖正 | 重新盖正 |
| | 胶圈未垫正 | 胶圈垫正 |
| | 胶圈损坏 | 更换胶圈 |
| 不出粉 | 粉过湿 | 更换干粉 |
| | 进气阀未开 | 打开 |
| | 吹粉管脱落 | 重新安装 |
| 粉进入风机 | 吹粉管脱落 | 重新安装 |
| | 吹粉管与进气胶圈密封不严 | 封严 |
| | 加粉时风门未关严 | 先关好风门再加粉 |
| 叶轮与风机壳有摩擦 | 装配间隙不对 | 加减垫片，检查并调整间隙 |
| | 叶轮组装变形 | 调平叶轮组装（用木槌） |

# 项目四　担架式喷粉机械

## 知识目标

1. 了解担架式喷粉机械的主要部件和类型。
2. 掌握担架式喷粉机械的主要构造和相关工作原理。
3. 了解手动喷粉器的主要构造。
4. 了解喷粉头、搅拌器与输粉器。
5. 掌握担架式喷粉机械的使用与保养方法。
6. 掌握担架式喷粉机械的常见故障及其排除方法。

## 技能目标

1. 能利用担架式喷粉机械、手动喷粉机工作原理和相关内容分析其工作过程。
2. 对作业时所需要的喷粉头能够正确选择。
3. 学会担架式喷粉机械的正确使用和保养。
4. 学会识别担架式喷粉机械遇到的故障并能够排除。

各种喷粉机械主要由药粉箱、搅拌机构、输送机构、风机及喷粉部件等组成。工作时，箱内药粉经输粉机构送入风机，在高速气流作用下形成粉流，经喷粉部件喷撒到植株上。

根据配套动力，喷粉机也可分为机动、手动或拖拉机牵引、悬挂等类型。

## 一、喷粉机种类及其主要构造

### （一）喷粉机种类

**1. 担架式喷粉机**　由药粉箱、搅拌机构、输送机构、风机及喷粉部件等组成。这是一种由小动力带动的喷粉机（图 4-7），采用离心式风机，其叶轮直接与发动机连接，在发动机带动下做高速旋转。药粉箱位于排气管道的上方，箱内有与发动机相连的振动器，它由振动杆和振动筛组成。当发动机工作时，机体的振动通过振动杆传给振动筛，迫使药粉振动，这样可防止药粉结块而架空，保证排粉均匀。粉箱的排粉口正位于出风管道的喉管处，由于该处截面变小，气流速度增加，产生低压，由振动筛筛落的药粉便被吸入出风管道而被高速气流带走，由喷射部件喷出。

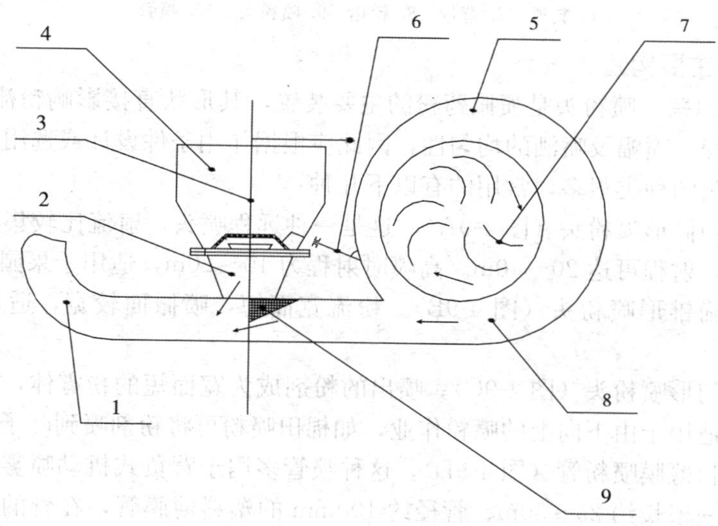


图 4-7　担架式喷粉机

1. 弯喷管　2. 粉箱座　3. 开关轴　4. 粉箱　5. 开关手柄　6. 振动杆　7. 风机叶轮　8. 直喷管　9. 吹风角

**2. 手动喷粉器**　手动喷粉器有背负和胸挂两种形式，多采用小型离心式风机，由手柄通过增速齿轮箱带动风机叶轮旋转（当手柄的转速为 50～60r/min 时，叶轮转速约为1 600r/min），其工作过程如图 4-8 所示。

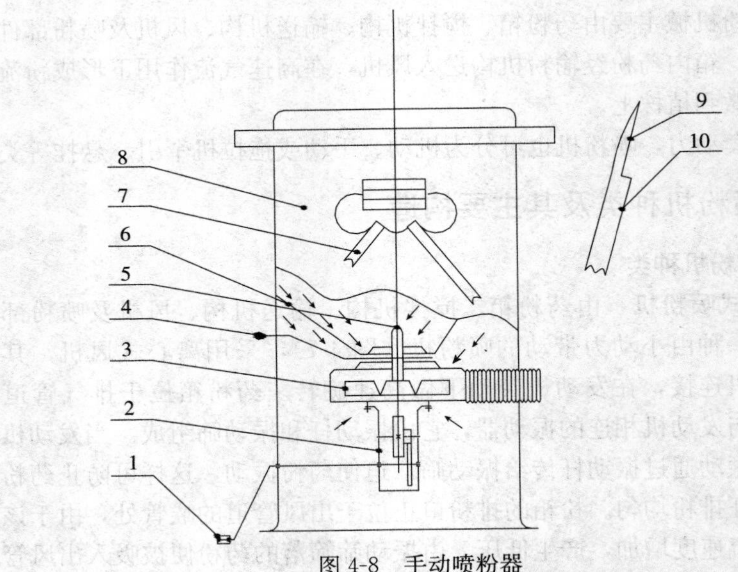


图 4-8 手动喷粉器

1. 手柄 2. 齿轮箱 3. 风机叶轮 4. 粉门开关 5. 输粉器 6. 粉槽 7. 背带 8. 粉箱 9. 喷粉头 10. 喷管

### （二）主要构造

**1. 喷粉头** 喷粉头是喷撒药粉的主要装置，其形状直接影响粉流的方向、速度、射程、喷幅及喷洒的均匀性，因此应根据作用条件设计或选用。

喷粉头的种类很多，常用的有以下几种：

（1）圆筒形喷粉头（图 4-9A）。这是一种远程喷头，射流比较集中，粉剂浓度均匀，射程可达 20～40m。高喷时射程为 10～20m，适用于果园、森林。

（2）扁锥形喷粉头（图 4-9B）。粉流宽而短，喷撒面较宽，适用于农田作物。

（3）勺形喷粉头（图 4-9C）。喷出的粉剂成为宽而短的粉雾体，并向上成一角度，适用于由下向上的喷粉作业，如棉田喷粉可将粉剂喷到叶子的背面。

（4）长薄膜喷粉管（图 4-9D）。这种喷管多用于背负式机动喷雾喷粉多用机，它是一根长约 25～30m、管径约 100mm 的塑料薄膜管，在管的下面开有等距的小孔，管内装有与管长相等的细尼龙绳以加强薄膜管的强度。采用这种方法喷粉可以有效地利用风机的风量，减少粉剂的飘移损失，并可使靠近风口的作物避免风害及药害，生产率也显著提高。

（5）湿润喷粉头（图 4-9E）。喷粉作业受外界风力的影响较大，药粉易被吹散，不易黏附在植株上。如采用湿润喷粉，可提高粉剂的黏附力并可减少喷粉量及用水量。喷粉头可用镀锌薄板或塑料等制造。

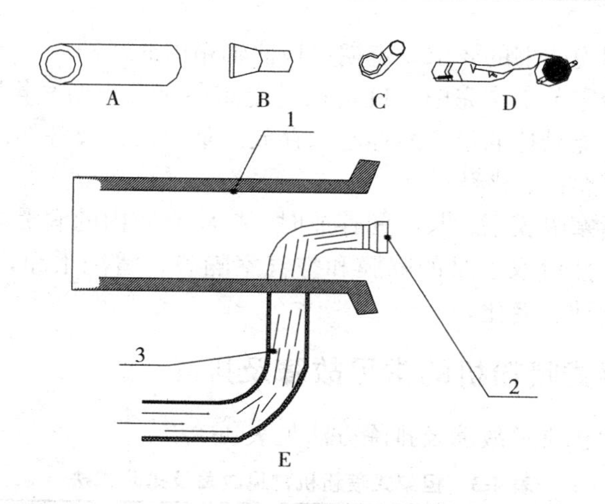


图 4-9　喷粉头
A. 圆筒形　B. 扁锥形　C. 勺形　D. 长薄膜喷粉管　E. 湿润喷粉头
1. 喷管　2. 喷头　3. 水管

**2. 搅拌器与输粉器**　药粉搅拌器用来搅动粉箱内的药粉，防止药粉结块或架空而影响喷粉量和均匀性。药粉搅拌器有机械式和气力式两种类型。为了将药粉推向排粉口，箱内还装有输送器。输粉器也有许多类型，常见的有螺旋式输粉器、转刷式输粉器及转底式输粉器等。装有气力式搅拌器的喷粉机，其气流也同时具有输粉作用。

## 二、担架式喷粉机的使用与保养

### （一）使用

（1）使用前应把各注意事项准备好，检查各部件是否正常，如不正常应及时进行修整。并根据不同作物病虫害的防治要求，选用不同的喷射部件。

（2）启动整机之前，必须将吸粉滤网放入粉中，以防止泵脱粉运转。

（3）把调压轮调节到最低压力的位置，并把调压手柄往顺时针方向扳足“卸压”。

（4）在正式作业前，应先用药粉进行试喷，检查喷射情况和各接头有无渗漏。如无异常，则可进行喷粉作业。

（5）喷洒时，不可直接对准作物喷射，以免损伤作物。

### （二）保养

（1）每天作业后，应在使用压力下，继续喷洒几分钟，防止残留的粉剂对机具内的部件造成腐蚀。

（2）清洗机组外部的部件，清除表面的污物。

（3）按使用说明书的要求，定期更换曲轴箱内润滑油。

（4）当防治季节工作完毕，机具长时间储存时，应彻底排除泵内的粉尘，防止腐蚀机件。能悬挂的最好悬挂起来存放。整个机器及各部件要放在干燥通风处，防止过早腐蚀、老化。

（5）对于活塞隔膜泵，长时间存放时，应将泵腔内的润滑油放干净，加入柴油清洗干净，然后取下泵的隔膜和空气室隔膜，清洗干净，放置阴凉通风处，防止过早腐蚀、老化。

## 三、担架式喷粉机的常见故障及排除

担架式喷粉机常见故障及排除方法见表4-3。

**表4-3 担架式喷粉机常见故障及排除方法**

| 故障现象 | 故障原因 | 排除方法 |
| --- | --- | --- |
| 吸不上药粉或吸力不足，表现为无流量或流量不足 | 新泵或长时间不用的泵，因空气在里面循环，而吸不上药粉 | 使调压阀处在“高压”状态，切断空气循环，并打开出粉开关，排除空气 |
| | 吸粉滤网堵塞 | 将吸粉滤网全部浸入药粉内，清除滤网上的杂物 |
| | 将粉管路的连接处未放密封垫圈或吸粉管破裂 | 加放垫圈，更换吸粉管 |
| | 进粉阀或出粉阀零件磨损或被杂物卡住 | 更换阀门零件，清除杂物 |
| 压力调不高，出粉无力 | 调压阀减压手柄未扳到底，调压弹簧被顶起，回水量过多 | 把调压阀减压手柄向逆时针方向扳足，再把调压轮向“高”的方向旋紧以调高压力 |
| | 调压阀阀门与阀座间有杂物或磨损 | 清除杂物，更换阀门或阀 |
| | 调压阀的阻尼塞被污垢卡死，不能随压力变动而上下滑动 | 拆开清洗并加少量润滑油，使阻尼塞上下活动灵活 |
| 液泵温升过高 | 润滑油量不足或牌号不对 | 按规定加足润滑油 |
| | 润滑油太脏 | 更换新的润滑油 |
| 出水管振动剧烈 | 空气室内气压不足 | 按规定值充气 |
| | 气嘴漏气 | 更换气嘴 |
| | 空气室隔膜破损 | 更换隔膜 |

# 项目五 超低量喷雾机

## 知识目标

1. 了解超低量喷雾器的分类情况、适用环境。
2. 掌握超低量喷雾器的构造和相关工作原理。
3. 掌握超低量喷雾器的使用与保养。
4. 掌握手持电动超低量喷雾器常见故障及其排除。

## 技能目标

1. 能够简单区分超低量喷雾机所属类型，手持电动超低量喷雾器所适用的植物保护类别。
2. 能利用手持电动超低量喷雾器工作原理和相关内容分析其工作过程。
3. 学会手持电动超低量喷雾器的正确使用和保养。
4. 学会识别手持电动超低量喷雾器遇到的故障并能排除。

超低量喷雾一般指超低容量喷雾，是目前正在推广应用的一项经济、高效、低污染的施药新技术。它是采用一个特殊的雾化器将极少量的药液分散成微小的雾滴，然后靠这些雾滴自身所受的重力及风力等因素的综合作用而产生漂移扩散，并沉降黏附在作物茎叶上。它所使用的农药一般以高沸点的有机溶剂为载体，药液浓度高，同时由于受自然风影响大，容易产生大量漂移和漏喷的现象。因此，要求操作人员有较高的施洒技术。

超低量喷雾机的类型很多，有专用超低量喷雾机（如手持式）和兼用超低量喷雾机（即在一般喷雾机上换用超低量喷头）两大类。在此主要介绍手持式电动超低量喷雾器。

手持式电动超低量喷雾器主要适用于稻、麦、棉、菜等多种农作物的病虫害防治，也适用于经济作物（如茶）及低矮果树的除虫灭害。对于均匀喷洒植物生长激素，以及医院、剧场、饭店、公园等公共场所的卫生消毒等都很适用。其特点是体积小，质量小，效率高，成本低，省水省药。

### 一、构造和工作原理

#### （一）构造

超低量喷雾机主要由药液瓶、喷头、电器设备和把手等部分组成。

（1）药液瓶。由耐腐蚀性材料制成，安装在瓶座上。瓶座与流量器制成一体，通过螺栓与喷头支架连接。药液瓶上标有刻度，以便进行观测。在上面有一进气管，以保证瓶内有一定压力，使药液畅通。

（2）喷头。为电动转盘式喷头，由喷头体、流量器、叶轮、防液套、喷头支架和活络节头等组成。

（3）电气设备。由微型直流电动机、电池、电线、接线柱和开关等组成。

（4）把手。它有内外管，可伸缩到操作需要的长度，前端通过喷头支架装有喷头和药瓶，中间有伸缩柔节及导线，后端装有电池座及开关。

## （二）工作原理

如图 4-10 所示，当接通电源微电机高速旋转时，带动装在轴端的雾化盘

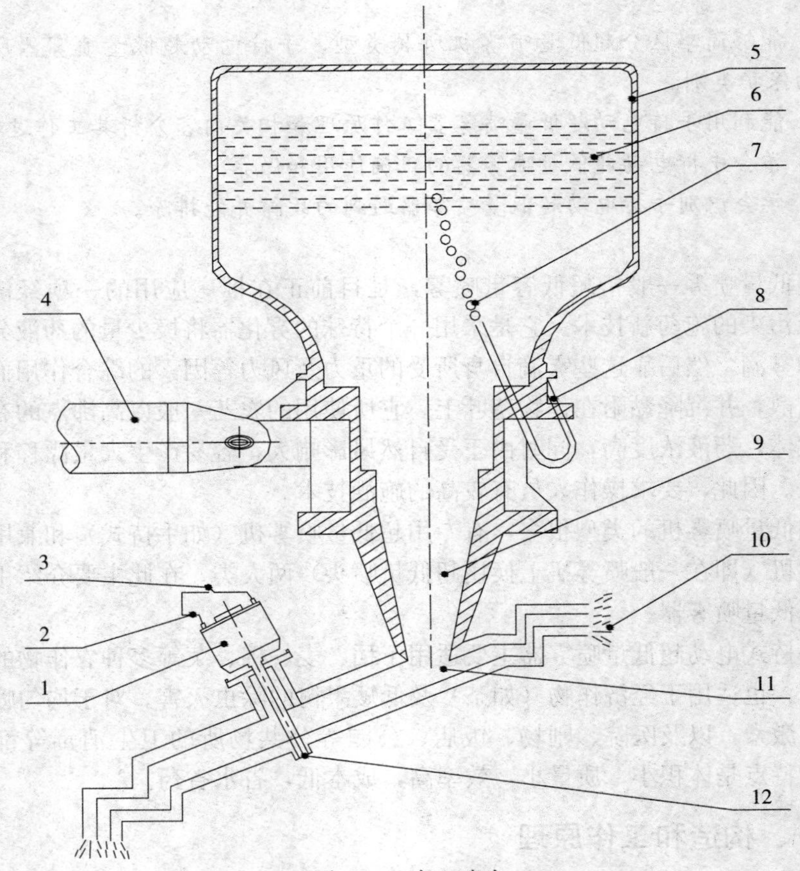


图 4-10　离心喷头

1. 电动机　2. 电池组　3. 开关　4. 把手　5. 药液瓶　6. 药液　7. 空气泡　8. 进气管　9. 流量器　10. 雾滴　11. 药液入口　12. 旋转盘

一起转动，产生强大的离心力。此时药瓶内的药液靠自重通过流量器以一定的流量流入高速旋转着的雾化盘中部，在强大的离心力作用下迅速形成一层薄膜，贴合在雾化盘的表面，并向雾化盘周边扩展。接着药液又以雾化盘边缘的300个半角锥状齿尖作为始发射点，有规律地呈现一条条液状细丝甩出。细丝液在表面张力及周围空气摩擦阻力冲击作用下，迅速粉碎成为均匀细微的雾滴。雾滴随自然风向飘移，在风力与雾滴自身所受重力作用下，沉积黏附在作物茎叶迎风面及水平面上，而较小的雾滴，则由于地面作物间小气候区中的紊流，可能被带至作物茎叶的背风面及背面黏附，所以有可能使作物茎叶的正反面都得到均匀覆盖，从而收到一定的防治效果。

## 二、使用与保养

### （一）使用

（1）在使用前，检查连接螺钉是否紧固。

（2）检查电池电压，然后装入塑料把手，启动开关，检查电路是否畅通。

（3）打开开关，待电动机运转正常后，即可开始喷雾工作。

（4）作业之前，先查明方向。作业时，喷头应位于喷药者的下方，作业从下方开始进行。

（5）药液在使用之前必须进行过滤。

（6）为保证防治效果，避免造成药害，操作者必须按预定作业状态（行走速度、有效喷幅、喷头高度等）进行喷雾。注意不要任意摆动和晃动喷头。

（7）喷雾器叶轮高速旋转时，其圆周边缘锋利如刀口，手及皮肤不可接触，以免割伤，也不可让其他杂物碰到，以防止叶轮齿尖损坏。

### （二）保养

（1）喷雾结束时的保养，在喷雾结束时，应将药液瓶内剩余的药液倒出，再盛入清洗液（如汽油、煤油、肥皂水等）对叶轮、流量器、药瓶座及喷头体进行清洗喷雾。其他重要部件也如此，进行多次清洗，以保证在其表面没有附着物。

（2）喷雾器较长时间不用时要将电池取出，以防电池变质，造成喷雾器零部件锈蚀。对于其他部件，要按说明书上的要求进行清洗保养。之后存放在干燥的地方，存放位置应稳当，避免受到震动而影响电动机的平衡，降低喷雾器的使用性能。

## 三、常见故障及排除

手持电动超低量喷雾器常见故障及其原因和排除方法见表4-4。

**表 4-4 手持电动超低量喷雾器常见故障及其原因和排除方法**

| 故障现象 | 故障原因 | 排除方法 |
| --- | --- | --- |
| 喷头无雾或出雾不正常 | 流量器堵塞或者雾化转盘压入过紧 | 用农药溶剂清洗或用细钢丝穿通 |
| 药液滴漏 | 操作不当，未启动电机先翻转了药瓶 | 按正确操作方法进行 |
| | 药瓶未拧紧 | 旋紧瓶口螺纹 |
| 转盘不转、断续旋转或有不正常噪声 | 导线与接线柱连接不好 | 拧紧接线柱螺钉，对连接处进行校正 |
| | 塞子中弹簧接触不良 | 改善接触状况 |
| | 开关接触不良 | 修复开关，清除锈蚀 |
| 转盘旋转缓慢；或开始较快，一会儿慢下来 | 电池容量不足 | 更换电池 |
| | 电刷磨损厉害 | 调换电刷 |
| 转盘不转，用手拨动一下转一下 | 电刷接触不良 | 调整电刷，使其接触良好，必要时更换电刷或弹簧 |
| | 电池容量不足 | 更换电池 |

# 项目六 其他植保机械

## 知识目标

1. 了解其他植保机械。
2. 掌握喷烟机的特点和构造。
3. 掌握静电喷雾喷粉机的特点和构造。
4. 掌握拌种机的特点和构造。

## 技能目标

1. 能够在实际作业环境时正确区分类型。
2. 会识别植保机械的构造。

除了以上介绍的各种类型的喷雾、喷粉等植保机械外，还有其他机动农业药械，例如喷烟机、静电喷雾喷粉机、拌种机等。

下面将对这几种类型的特点及其构造等方面进行简单介绍。

## 一、喷烟机

### （一）特点

喷烟机是一种高效的病虫防治机械。它是利用燃料喷射燃烧时的高温、高速气流，使烟剂（将药剂按一定比例溶解在油雾剂里配成）蒸发和热裂成细微雾滴喷输出去，在空中随气流散布到喷洒目标及其周围。由于雾滴小、沉降速度慢，故能随气流漂移较远的距离，比较持久地悬浮在空中，形成烟雾，透入细小的缝隙，通过触杀和熏蒸作用来消灭害虫。它适用于高秆作物及森林、果园、温室、仓库等场所的病虫害防治，也可以进行除草等。

同其他喷雾喷粉机械相比，喷烟机具有工作效率高、成本低、烟雾粒子小、安全可靠、扩散性好等特点。

### （二）构造

背负式喷烟机主要由燃烧及冷却系统、燃油系统、启动系统、烟机系统组成。

## 二、静电喷雾喷粉机

### （一）应用及特点

使用常规喷雾喷粉法来喷洒农药，存在着农药流失量大、药效低、浪费大等问题。即使是超低量喷洒，也存在着细小雾滴或颗粒漂移流失问题。药液和药粉沉附在植株上的沉浮效率，近年来对静电喷雾喷粉机进行了广泛研究。

静电喷雾喷粉机的优点：农药利用率高，因此可以大大节省农药，减少对环境的污染；农药喷洒在植株表面覆盖均匀，吸附牢固；与超低量喷雾喷粉机比较，受气候条件的影响较小等。这种机具的缺点是需要有产生直流高压的电气装置，结构比较复杂，成本高。

### （二）构造

静电喷雾喷粉机的构造是由机箱、机载电源、高压静电发生器、药箱、手柄、喷杆和雾化器等组成。

## 三、拌种机

### （一）应用及特点

拌种机是用来对要播种的作物种子预先进行药剂处理，使它的外面包上一层药膜，以防止种子的传染病和避免地下虫害对种子、种芽的侵害。

多用途拌种机的特点是：可以用机械、电力带动，也可以用人力摇转，结构简单，设计制造容易，工作效率高，使用维修方便，拌种效果好，价格便宜。它适用于对种子的干拌、湿拌和半干拌，也可适用于消毒处理各种农林作物种子。

### （二）构造

拌种机主要由种子箱、输种器、盛粉器、盛液器、混合室、传动机构和机架等组成。

# 单元五 排灌机械

## 项目一 概 述

### 知识目标

了解排灌机械的定义、种类及其意义。

### 技能目标

能够根据当地具体情况选择合适的排灌机械。

排灌机械是指借助各种能源和动力，将外部水分灌入农田或将农田多余水分外排的机械和设备。它一般由工作水泵、动力机械、传动装置、喷灌设备及其他辅助设备等组成。根据工作方式可将农田排灌机械分为下述4类：

#### （一）地面排灌机械

一般利用农用动力机械或自然能源驱动水泵，从河、湖、库、塘、井中抽取水分灌入农田，或将农田、沟、渠、塘堰中积水抽取排除。通常将动力机械和水泵设置在泵房内，配以进、出水管道和阀门等其他水工设施，建成排灌站或抽水站，也可组成移动式机组安装在船、汽车或拖车上。

#### （二）喷灌设备

将灌溉用水加压，通过喷头喷射到空中，使水分呈雨滴状散落在田间及作物上的设备。加压方式有经水泵增压与利用高水位水源的自然落差两种。利用水泵增压的喷灌设备一般包括动力机、水泵、输水管道和喷头等部分。

#### （三）滴灌设备

通常包括有压水源、管道和滴头3部分。有压水源可采用水泵机组或高程水头（落差）实现自流供水，滴头配置在靠近作物根部的地面，持续而小量地施水，水分渗入土壤供作物根系吸收。滴头的工作压力一般为3～5kPa。由于滴头孔小，容易被氧化物和硫化物的沉淀堵塞，故灌溉水须经过简易净化或过滤后使用。

### （四）渗灌设备

渗灌设备的水源和管道系统与滴灌设备类似，但用浅埋地下的渗水瓦管或打孔双壁塑料管代替装有滴头的毛管，使渗水压力超过土壤水分张力，进而向作物根系区渗水灌溉。渗水毛管使用一定年限后，会腐蚀散碎而混入土壤，需要定期布管埋管。

农田灌溉的目的是通过利用现代工业机械及时调节农田水分状况，使土壤中的养料、温度、水分与通气等状况满足作物生长发育的需要，进而达到农作物稳产、高产、高质的目的。发展机电排灌机械，是实现农业机械化、发展社会主义现代化农业的重要措施，对改变农业生产的自然条件、抵御自然灾害具有十分重要的作用。

# 项目二　水　　泵

## 知识目标

1. 了解农用水泵的种类、构造和特点。
2. 熟悉水泵的工作性能和参数。

## 技能目标

能够独立进行水泵的选型、安装与使用。

水泵是一种通用机械，通过外部动力机械的动力传递实现水从农田的排入与排出。用于农业排灌的泵通常称为农用泵或农业泵。

## 一、农用水泵的种类、构造和特点

目前，农业排灌机械中使用较多的是离心泵、混流泵和轴流泵，在一些水资源匮乏的地区还广泛采用井泵、潜水泵等抽地下水来灌溉。

### （一）离心泵

离心泵主要由泵体、叶轮、泵轴、轴承、支架等部件组成（图5-1）。其主要部件的构造和作用如下：

**1. 叶轮**　叶轮的作用是将动力机械的机械能传递给水体，使被抽送的水具有一定的流量和扬程。根据水泵工作的场合与要求，离心泵的叶轮分为封闭式、半封闭式和开敞式 3 种。封闭式叶轮两侧有盖板，里面有 6～8 个叶片，构成弯曲的流道，在轮盖的中部设有吸入口，一般用于清水的抽取工作。半封闭式叶轮只有后盖板和叶片，叶片数较少，一般用于抽送含杂质较多的水。开敞式叶轮只有叶片且叶片较少，叶槽开敞大，一般用于抽送浆粒体和污水。

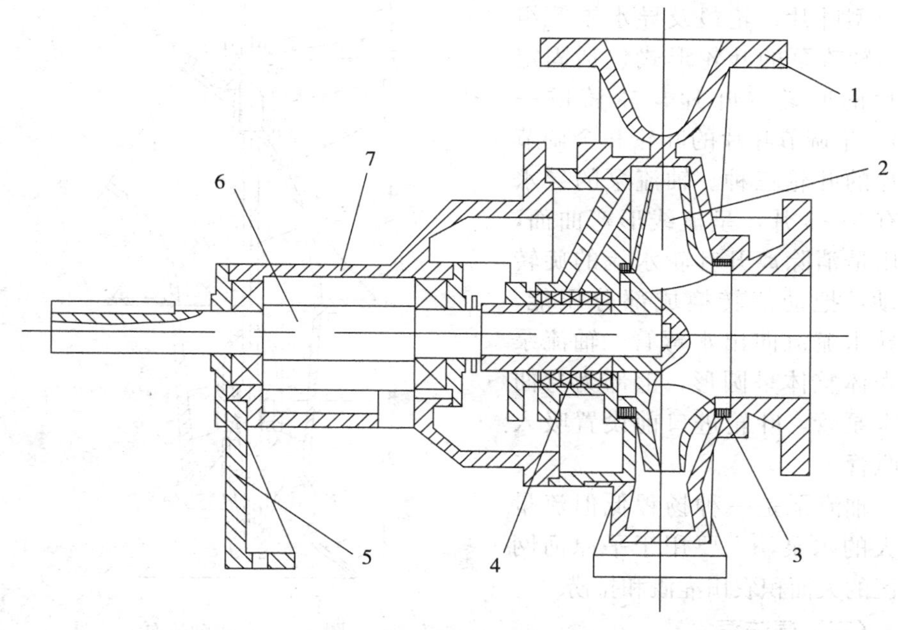


图 5-1　离心泵的构造

1. 泵体　2. 叶轮　3. 密封圈　4. 填料　5. 支架　6. 水泵轴　7. 轴承体

**2. 泵壳**　离心泵的泵壳外形类似蜗壳，其功能是以最小的阻力损失将叶轮甩出的水汇集起来，通过泵壳中过水断面从大到小的变化，在蜗道内实现水流能量的转换。泵壳的顶部与下部均设有螺孔，由螺栓堵塞，分别用于充水和排水。

**3. 填料函**　填料函设在泵轴穿过后泵盖的轴孔处，起密封作用，主要用来减小压力水流出泵外及防止空气进入泵内，同时还可以起到支撑、冷却等作用。填料函主要由填料座、填料、水封环、压盖和填料盒等组成。

单级离心泵的结构简单，体积小，扬程较高，流量较小，水泵出水口方向可以根据需要进行上、下、左、右调整。单级双吸式离心泵的泵体与泵盖内部设有双向进水流道，扬程较高，流量较单吸泵大，一般用于丘陵区和较大灌区。

(二) 轴流泵

轴流泵主要由进水喇叭管、叶轮、导水体、出水弯管、泵轴、橡胶轴承、出水弯管及填料函等组成。如图 5-2 所示，泵壳、导水叶和下轴承座为一整体，叶轮正装在导水叶的下方，泵轴在上下两个水润滑的橡胶轴承内旋转。轴流泵叶轮由 2～6 片扭曲型叶片、轮毂及导水锥等组成。轴流泵的叶轮形式包括固定叶片的叶轮（叶片与轮铸成一体）、半调节叶片的叶轮和全调节叶片的叶轮三种。轴流泵的导水叶有 6～8 片，呈流线形弯曲面，作用是消除离开叶轮水流的旋转运动，把动能转换成部分压能，引导水流流向出水弯管。轴流泵的壳体整体呈圆形，上部为弯曲的水泵管，叶轮进口前设置吸入喇叭管。

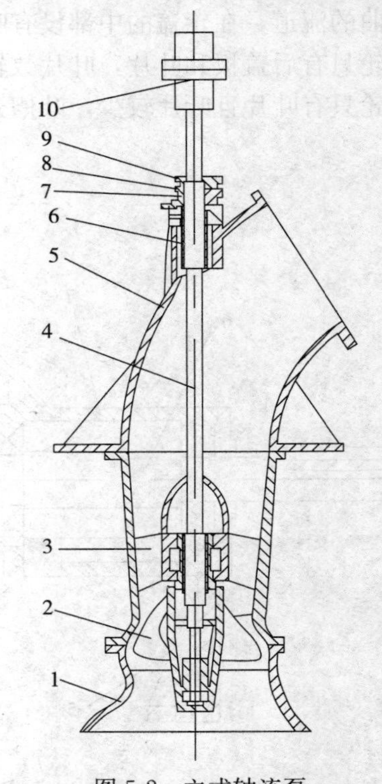

图 5-2 立式轴流泵

1. 喇叭管 2. 叶轮 3. 导水体 4. 泵轴 5. 出水弯管 6. 橡胶轴承 7. 填料函 8. 填料 9. 填料压盖 10. 联轴器

轴流泵是一种扬程低但流量较大的水泵，主要用于平原河网地区的大面积农田灌溉和排涝。

(三) 混流泵

混流泵是介于离心泵和轴流泵之间的一种泵型，整体外形与 B 型离心泵相近，叶轮形状粗短，叶槽宽阔，叶片扭曲且多为螺旋形。

混流泵的扬程适中，流量较大，高效，范围较宽，一般用于平原河网地区和丘陵地区。

(四) 水轮泵

水轮泵是利用水流的能量来工作的机械，主要由水轮机和离心泵组成。水轮机的转轮与泵叶轮装在同一根轴上，水流流动时，冲击水轮机的转轮，带动水泵叶轮旋转。水轮机的转轮为四叶片螺旋桨式，叶片与轮毂铸在一起，水轮机的进水口处装有导流轮，导流轮上固定着 12～18 片流线型导叶，使水流均匀平顺地进入转轮。

水轮泵的结构简单、紧凑，适用于山区的抽水和农田排灌，经改装后还可用作加工机械的动力机械。

### （五）井用泵

井用泵是专门用于抽取井水的水泵。根据井中水面的深浅可分为深井泵和浅井泵两种。井泵机组主要由带有过滤装置的泵体、输水管、传动轴、泵座及电动机组成。

浅井泵的扬程一般在 50m 以下，主要用于大口井或土井，深井泵能从几十米到上百米的井下抽水，一般用于小口径机井。

### （六）潜水泵

潜水泵由电动机、水泵、进水部分和密封装置等四部分组成，工作时两者电动机与水泵都浸没在水中，电动机在下方，水泵在上方，水泵上面是出水管。潜水泵具有结构紧凑、体积小、质量小、安装使用方便、不怕雨淋水淹的特点，工作深度为 0.5～3m，最深不超过 10m，放置水下时，应垂直吊起。

## 二、水泵的工作性能

### （一）流量

单位为 L/s，又称出水量，指水泵出口断面在单位时间内输出水的体积（或质量），用符号 $Q$ 表示。

### （二）扬程

单位为 m，又称水头，指输送的水由水泵进口至出口单位质量的能量增加值，即水泵能够扬水的高度，用符号 $H$ 表示。总扬程指水泵从水源水面到出水管口中心线之间的垂直距离与损失扬程之和，所以水泵的实际扬程比铭牌上标的总扬程小。

### （三）功率

指水泵在单位时间内所做的功，可分为有效功率、轴功率和配套功率 3 种。

**1. 有效功率**　指水泵叶轮对水作用的功率。

**2. 轴功率**　水泵的输入功率，即动力机传给水泵轴的功率。

**3. 配套功率**　与水泵配套的动力机的额定功率。

### （四）效率

指水泵的抽水效能，反映了水泵对动力的利用情况，为水泵有效功率与水泵轴功率的比值。一般农用泵的效率为 60%～80%，有些大型轴流泵效率可达 90%。

### （五）转速

单位为 r/min，指水泵叶轮每分钟转数，用符号 $n$ 表示。

### （六）允许吸上真空高度

单位均为 m，反映水泵不产生汽蚀时的吸水性能。离心泵和混流泵一般用允许吸上真空高度 $H_s$ 来反映其吸水性能，轴流泵则利用汽蚀余量 $\Delta h$ 来反映其吸水性能。

### （七）比转数

表示水泵特性，用符号 $n_s$ 表示，与水泵叶轮形状和其性能曲线有密切的关系，是水泵设计中很重要的技术参数。一般说来，比转数高的泵，流量大，扬程低，如轴流泵；比转数低的泵，流量小，扬程高，如离心泵。

## 三、水泵的选型、安装和使用

### （一）水泵的选型

目前，市场上的农用水泵型号很多，各有其独特的规格性能，为保证使用者能根据实际情况选取合适的水泵，选型时应遵守以下原则：

（1）满足生产的流量和扬程要求。

（2）水泵常年运行中年均效率高，工作稳定，所以工作点尽量落在高效区内。

（3）泵型选定后，建站投资和所需用的功率应为最小，运行费用最低。

（4）尽可能选用同一型号的水泵，以便于维护保养。

（5）充分利用当地的水能资源，尽量选用水轮泵、水锤泵等提水工具。

根据作物的灌水定额、灌溉面积、灌水时间、土壤性质及水泵每天工作小时数等计算设计流量：

$$Q=\frac{MA}{Tt\eta}$$

式中 $Q$——灌溉所需流量（$m^3/h$）；

$A$——灌区面积（$hm^2$）；

$M$——作物一次最大需水量（$m^3/hm^2$）；

$T$——轮灌延续天数（d）；

$t$——水泵每昼夜工作小时数（h）；

$\eta$——灌溉水利用系数，一般取 $\eta=0.75\sim0.85$。

以灌区 95%以上的耕地获得自流灌溉渠道最高水位为上水位，以水源最枯水位为下水位，两者的高程之差为实际扬程，加上管路上的损失扬程，便可计算得到灌溉设计扬程：

$$H_{灌}=h_{上}-h_{下}+h_{损}$$

式中 $h_{上}$——出水池水位；

$h_{下}$——进水池水位；

$h_{损}$——管路损失扬程。

## （二）水泵的安装

水泵的几何安装高度为水泵轴线离水面的垂直高度，应满足下式要求：

$$H_{安}\leqslant H_{s}-h_{吸损}\frac{V_{进}^{2}}{2g}$$

式中 $H_{安}$——水泵几何安装高度（m）；

$H_{s}$——水泵允许吸上真空高度（m）；

$h_{吸损}$——吸水管路损失扬程（m）；

$V_{进}$——水泵进口处的流速（m/s）；

$g$——重力加速度（$m/s^2$）。

## （三）水泵的使用

（1）水泵的安装位置尽可能靠近水源，安装时注意土质好坏，四周应宽敞，以方便操作和维护。

（2）管路的铺设应尽可能短而直，少用弯头，以减少管路损失扬程和工程费用。进水管应具有良好的密封性能，不能漏水、漏气。

（3）直接连接的水泵与动力机要有共同底座，水泵须安装水平，泵轴与动力机轴的中心线应在同一直线上，两联轴器间应有一定的间隙。

（4）皮带传动时，两皮带轮间的中心距一般不小于 2m，两皮带轮的轴线要平行，防止皮带打滑，提高传动效率。

（5）工作前应关闭离心泵出水管上的闸阀，以减轻启动负荷。有吸程的水泵要对进水管和泵壳充水或抽真空，以排尽空气。具有可调式叶片的轴流泵要根据扬程变化情况调好叶片角度。轴流泵、深井泵的橡胶轴承需注水润滑。

（6）工作时应调整好填料函的松紧度，检查轴承的温度变化和压力表，并注意机组声响和振动，发现问题及时处理。

（7）工作后检查机组各部件间有无松脱，基础、支座有无歪斜、下沉等情况。离心泵和混流泵在冬季使用完后，应放空水管和泵壳内的积水，以免积水结冻，胀裂泵壳和水管。

# 项目三　动　力　机

## 知识目标

1. 了解电动机的型号、结构及铭牌意义。
2. 了解柴油机的型号、结构及经济性指标。

## 技能目标

1. 能独立进行动力机与水泵的配套。
2. 正确地对电动机与柴油机进行使用与维护。
3. 能够初步对电动机及柴油机的常见故障进行排除。

农业上常用的动力机械有很多，但与排灌机械配套的动力机械主要有电动机和柴油机。熟悉和掌握这两种动力机械的基本性能和维护方法，对于排灌机械的合理使用与正确维护具有重要意义。

## 一、电动机

农业生产中驱动农用水泵的电动机主要为三相感应电动机，也称三相异步电动机，其中以鼠笼型感应电动机的使用最为广泛。这种电动机具有构造简单、坚固耐用、工作可靠、维护方便、价格低、使用成本低等优点。

农业上常用感应电动机的型号有 J 型、JO 型、JR 型、JRO 型，JLB 型、JQS 型，其各自代表的意义如下：

J 型：防护式三相鼠笼型感应电动机。

JO 型：封闭式三相鼠笼型感应电动机。

JR 型：防滴式三相绕线型感应电动机。

JRO 型：封闭式三相绕线型感应电动机。

JLB 型：用于深井水泵的感应电动机。

JQS 型：井用潜水感应电动机。

### （一）三相异步电动机的结构

三相异步电动机主要由转子和定子组成，其主要零部件如下：

**1. 机座**　是电动机的支座，主要用于固定和保护定子铁芯、定子绕组，支撑前后端盖。防护式（J 型）电动机基座两侧有出风口，封闭式（JO 型）电动机机座表面有散热筋。

**2. 转子铁芯**　主要起增加导磁性的作用，使磁力线更容易通过，形成强有力的磁场。

**3. 转子绕组**　绕组和两端环及风扇叶片由铝浇铸而成，因其外形像鼠笼，因而称为鼠笼式。

**4. 定子线圈**　由绝缘导线制成，嵌入定子铁芯的凹槽中，当线圈中通入三相交流电时，便形成旋转磁场。

**5. 定子铁芯**　主要作用是增加导磁性，进而形成强大磁场。由0.35～0.5mm厚的硅钢片叠成，每片表面涂有绝缘漆，彼此间互相绝缘，以减少铁芯的涡流损失。铁芯中冲有槽子，用以安装线圈，铁芯用压装的方法固定于机座内。

**6. 端盖**　固定在支座两端，以支持转轴并遮盖电动机。端盖中心有一安装轴承的圆孔。轴承的两边都有轴承盖，以保护轴承和防止润滑油外流。

**7. 转轴与轴承**　转子铁芯固定在转轴上，转子与定子互相作用，产生转矩驱动转轴旋转。轴承安装在端盖上，一般采用滚珠或滚柱轴承。

### （二）三相异步电动机的铭牌意义

**1. 型号**　使用汉语拼音字母和数字来表示电动机的系列、机座、结构、极对数以及转子的类型等，如JRL-128-8中各符号的意义分别为：

J：三相异步电动机。

R：绕线式。

L：立式。

12：机座号数。

8：铁芯长号数。

8：极数。

**2. 额定功率**　单位为千瓦（kW），表示该电动机长期工作时做功的能力。

**3. 额定电压**　单位为伏（V）或千伏（kV），电动机正常运行时的工作电压。只有在额定电压下工作，电动机才能达到额定输出功率。

**4. 额定电流**　单位为安培（A），电动机在额定电压与额定功率下工作时，通过电动机三相定子绕组的线电流。

**5. 额定转速**　指电动机在额定电压、额定功率和额定频率下工作时，每分钟的转速。不同负载情况下，电动机的转速不同，空载或轻载时比额定转速高，过载时比额定转速低。

**6. 额定频率**　指电动机在额定功率、电压、电流、转速情况下工作时交流电源的频率。我国的电网频率为50Hz。

**7. 绝缘等级**　指根据线圈所用绝缘材料，按其耐热程度规定的等级。在我国，中、小容量电动机一般采用 E 级绝缘。相应的老产品采用 A 级绝缘，大型电动机采用 B 级绝缘，有特殊用途的电动机采用 F 级绝缘。

**8. 温升** 指电动机长期连续工作时，允许工作温度比周围环境温度高出的数值。我国规定环境温度最高为 40℃，如电动机的允许温升为 65℃，则其所允许的工作温度为 105℃。

**9. 工作方式** 规定条件下的工作持续时间。国家规定的工作方式有连续、断续、短时 3 种。

**10. 额定功率因数** 指电动机在额定功率下工作时，定子线圈相电压与相电流之间相位角的余弦，值等于有功功率和视在功率的比值。

**11. 电动机损耗** 可分为不变损耗和可变损耗。不变损耗包括定子铁损、机械损耗及附加损耗，可变损耗包括定子铜损和转子铜损。

**12. 电动机效率** 等于电动机输出功率与输入功率的比值，用百分数表示。

## 二、柴油机

### (一) 柴油机型号的构成

柴油机的型号一般由阿拉伯数字和汉语拼音文字的首位字母组成，型号的规定包括首部、中部、尾部三部分：

首部：表示柴油机的缸数。

中部：机型系列代号，包括行程符号和缸径符号。如 E 表示二行程，不用符号者都是四行程；用数字表示气缸直径，单位为毫米（mm）。

尾部：变型符号，一般用数字顺序表示，与前面符号用短横线隔开；机器特征符号，F 表示风冷，尾部没有字母的都是水冷。

比如：195 表示单缸、四行程、缸径为 95mm 的水冷柴油机。

### (二) 柴油机的结构

**1. 机体** 主要包括气缸体、曲轴箱、气缸盖等零件。

**2. 曲柄连杆机构** 是传递动力的机构，主要由活塞、连杆、曲轴、飞轮等零件组成。

**3. 配气机构和进排气系统** 其作用是保证新鲜空气及时而充足地进入气缸，将废气及时彻底地排出气缸，主要包括配气机构、空气滤清器及进排气管道等。

**4. 润滑系统** 保证柴油机各部件摩擦面的正常润滑，主要包括机油泵、机油滤清器、机油冷却器等。

**5. 燃烧系统** 用以供给发动机燃料，控制动力，主要包括柴油箱、柴油滤清器、输油泵、喷油泵等。

**6. 冷却系统** 用以保证柴油机正常的工作温度，包括水泵、水箱、风扇、水管等。

**7. 启动系统** 功能为启动柴油机，小型柴油机的启动系统主要指手摇柄，大型柴油机则多为电动气压启动，设有蓄电池发电机、电动机等。

### （三）柴油机的动力指标

**1. 功率** 表示柴油机工作时单位时间内所做的功。输出功率等于循环有效功与每秒循环次数的乘积。柴油机铭牌上的功率叫标定功率，可分为12h功率、持续功率和1h功率等几种。柴油机在规定标定功率的同时，也规定了该工作状态下的标定转速。同一台柴油机，转速越高，单位时间内完成的工作循环次数越多，功率就越大。转速达不到标定值，机器就达不到标定功率。

**2. 扭矩** 指柴油机工作时曲轴扭转工作机械的力矩。柴油机的扭矩与转速成反比，所以最大扭矩通常出现在转速较低的情况下。对柴油机本身而言，最大扭矩一般出现在进气量大、循环供油量大、燃烧较好的中等转速下。

### （四）柴油机的经济指标

柴油机的经济性指标主要包括效率与燃油消耗率两个方面。

**1. 效率** 柴油机的效率可以分为指示效率、机械效率和有效效率。工作状态下，柴油燃烧放出的热量一部分用来推动活塞做功，另一部分则经由排气系统和冷却系统散失。气体推动活塞做功的热量和柴油机燃烧所能放出的总热量的比值叫指示效率。柴油机的指示效率一般为0.4～0.5。气体推动活塞工作时，在机器内部要克服各机械零部件间的阻力，以及带动一些附件等要消耗一部分能量，只有通过曲轴传出来的功才是有效功，有效功与指示功的比值即为机械效率。有效效率是指与有效功相当的热量占柴油机完全燃烧所能产生总热量的比值，数值上等于指示效率与机械效率的乘积。

**2. 燃油消耗率** 指柴油机工作状态下每马力*小时消耗柴油的数量，用符号 $g_e$ 表示。一般情况下可根据燃油消耗率计算出柴油机的有效效率。此外，该指标也是估计机组是否正常工作、用油是否正常的重要依据。

柴油机的用油量＝柴油机铭牌功率×燃油消耗率×工作时间

## 三、与水泵的配套

选型时，水泵与动力机械的合理配套，主要指动力机械的功率、转速、转向及传动符合水泵配套的要求，从而保证整个机组工作安全可靠，投资少，运

* 马力为非法定计量单位，1马力＝735.498 75W。

行成本低等。

## (一）功率配套

**1. 动力机械的功率** 排灌机械在工作中，机组经常连续工作超过12h，所以在配套时，一般以12h功率的90%作为持续功率来考虑配套问题。

**2. 水泵铭牌配套功率** 简称配套功率，其值只有大于水泵轴功率，才能保证水泵的正常工作。选型时，动力机械的功率必须大于或等于配套功率，以保证水泵的正常工作。

**3. 备用系数**（表5-1） 又称备用系数或配套系数，水泵与动力机械配套时，水泵轴功率必须乘以一个大于1的“安全系数”，用$K$表示，$K$值可由表5-1查出，于是得出水泵配套功率计算公式：

$$N_{配}=KN_{轴}$$

因$N_{12}\geqslant N_{配}$，则

$$N_{12}\geqslant KN_{轴}、N_{轴}\leqslant N_{12}/K 或 K\leqslant N_{12}/N_{轴}$$

式中 $N_{12}$——柴油机的12h功率；

$N_{配}$——水泵的配套功率；

$N_{轴}$——水泵的轴功率；

$K$——备用系数。

**表5-1 备用系数**

（从培善，1981）

| 水泵轴功率（kW） | <3.68 | 3.68～7.36 | 7.36～36.77 | 36.77～73.55 | >73.55 |
|---|---|---|---|---|---|
| $K$（柴油机） | | 1.5～1.3 | 1.3～1.2 | 1.2～1.15 | 1.15 |

| 水泵轴功率（kW） | <1 | 1～2 | 2～5 | 5～10 | 10～50 | 50～100 | >100 |
|---|---|---|---|---|---|---|---|
| $K$（电动机） | 2.5 | 2～1.5 | 1.5～1.3 | 1.3～1.15 | 1.1～1.15 | 1.08～1.05 | 1.05 |

实践证明：对于大功率的动力机械，$K$取小值；对于小功率的动力机械，$K$取大值；对于电动机，比同功率柴油机$K$值要小。

## （二）转速配套

指动力机械在额定转速下工作时，传递给水泵的转速应与水泵的额定转速一致（其相差不超过2%为好）。若转速不一致，其偏差应尽量在规定范围内，如离心泵转速不得高于使轴功率超过配套功率，不低于使扬程下降超过5%，特殊情况降低转速使用时，不允许降低超过额定转速的一半。

## （三）转向及传动装置配套

动力机械与水泵的工作转向应一致，便于采用直接传动，以简化传动装置，提高传动效率。

传动装置的配套，指传动装置的尺寸、位置、寿命、工作安全可靠性、经

济性等方面与水泵和动力机械相适应或符合使用要求。

## 四、使用与维护

### （一）电动机的运行与维护

#### 1. 电动机启动前的准备

（1）检查电源电压是否与电动机铭牌规定的额定电压一致，检查电动机绕组接法是否正确，连接是否牢固，启动设备接线有无错误。

（2）测量电动机的绝缘电阻。长期停用的电动机，在启动前应检查线圈的受潮程度，通常通过使用高阻计来测量绝缘和吸收比（即绝缘电阻在60s与15s时的比值）。一般380V的电动机，其线圈绝缘电阻应大于0.5MΩ。

（3）检查地脚螺栓的螺帽是否拧紧，电动机的外壳接地是否良好。

（4）检查电动机的各种保护装置是否合格。

（5）检查电压表有无电压，是否正常。一般农业生产用电机可以在额定电压±10%的范围内启动和运行。

（6）检查抽水泵机组的连接是否正常，传动轴转动是否灵活。

（7）检查所有启动设备是否在断开位置，接触是否良好，接线是否牢固、正确。

（8）对于绕线式电动机，检查其滑环与电刷接触面是否良好，电刷压力是否合适。

（9）检查电机转动方向是否正确。

（10）对于多机组的泵站，为确保安全运行，应当错开启动。

#### 2. 电动机启动时的注意事项

（1）必须严格遵守操作规程，穿好工作服、绝缘鞋，必要时应戴上绝缘手套，以防电弧。

（2）合上电源开关，将启动设备快速推到启动位置，10～30s后，电动机达额定转速，再将启动设备推到运行位置。

（3）检查三相电压是否平衡，电压变动超过额定电压的±5%时，应立即查明原因。

（4）若几台机组共用一台配电变压器，应错开启动。电机容量不同时，先启动容量大的，再启动容量小的。

（5）电动机启动不起来，转速很低，或声音不正常时，应立即断开电源，检查电压是否过低，熔丝是否烧断，负载是否过重，转子是否断条，电机定子绕组是否短路或断线等，及时查明原因，妥善处理后再开机。

（6）电动机的启动次数不能过于频繁。一般情况下，空载不能连续启动

3～5 次。正在工作的电动机，停机后再启动时，连续开机不得超过 2～3 次。

（二）柴油机的使用与维护

**1. 用油的选择** 柴油机使用中的用油包括柴油和机油两类。下面分别介绍柴油和机油的选用原则。

（1）柴油的选用。柴油机所使用的柴油，按其凝固点分为 0、－10、－20、－35 四个牌号，分别以 RC-0、RC-10、RC-20、RC-35 等代号表示。0 号、－10 号、－20 号、－35 号为轻柴油，表示其凝固点分别不高于 0℃、－10℃、－20℃、－35℃。此外还有＋20 号农用柴油。各种牌号的柴油，可根据当地气温情况选用。

由于柴油接近其凝固点时，虽未失去流动性，但会析出石蜡，易于堵塞柴油滤清器，中断供油，因此选用柴油时，柴油的凝固点至少要低于当地气温的 7℃。

（2）机油的选用。由于柴油机工作时负荷大、温度高，以及采用了易腐蚀的耐磨合金轴承等原因，所以曲轴箱所用的润滑油必须为柴油机机油，柴油机机油中加入了抗氧化、抗腐蚀的添加剂，按 100℃的运动黏度分为 HC-8、HC-11、HC-14 三个牌号，一般冬季用 8 号，夏季用 11 号或 14 号。

**2. 柴油机启动前检查**

（1）检查地脚螺栓是否松动，机组的安装是否正确，各机件连接是否牢靠，各转动部件是否灵活。

（2）检查机油、柴油的油路有无漏油。

（3）检查水箱水量是否加满，水管是否漏水等。

（4）检查电启动柴油机的接线是否正确，蓄电池电量是否充足，电液比重及液面是否正常。正常液面应高出极板 10～15mm，电液比重夏天约为 1.24，冬天约为 1.285。

（5）检查传动皮带的松紧是否合适，调速器是否灵活等。

**3. 柴油机的启动和停机**

（1）柴油机的启动。

①打开油箱开关。

②将调速手柄置于“启动”位置。

③扳动减压手柄。

④转动启动手柄，听到喷油嘴发出清脆的“咯咯”声时，用力快速摇动手柄 10～20 圈，将减压手柄迅速推回工作位置，继续摇几转，柴油机便能启动。

对于电启动的柴油机，前三个步骤相同，然后按下启动按钮，当启动电动机带动曲轴转动到最快速度时关下减压手柄，机器即可发动。冬季由于气温低，启动柴油机时，要将机油、柴油加热。机油可用开水隔桶加热到20℃后，再注入柴油机内。冷却水可以加热到60～80℃后再加入机体。

（2）柴油机的停机。停机时，一般都是先降低柴油机转速，减轻负荷，然后将停机手柄推动至停机位置，再将柴油滤清器开关关闭，中断输油。冬季停机要注意排出冷却水。

## 五、常见故障及排除

### （一）三相异步电动机的常见故障分析与排除

**1. 单相接地短路**　线圈受潮，长期超负荷工作，线圈绝缘老化脱落，槽绝缘过短，在线圈弯折时损坏绝缘，铁屑等硬物进入电机而破坏线圈绝缘等都可能引起导线碰壳，造成线圈接地。面对该种情况，首先找出接地的位置，一般是将每相绕组的接头拆开，逐相查找。找到故障后，分情况进行检修：如果只是受潮，可以在干燥后刷上一层绝缘漆；如果绝缘破损不严重，可以将其重新绝缘；如果一相绕组多处接地，且绝缘破坏严重，或两相同时接地，则应把接地的线圈重绕。

**2. 线圈短路**　线圈短路情况下，电动机运行时将冒烟，并伴随焦臭气味，空载运行时，空载电流超过额定值，严重发热。该种情况下，首先应确定线圈短路位置。检查线圈短路的方法主要有电压表法和观察法。电压表检查法就是使用直流电压表分别测量各个磁极所属线圈两端的电压，短路线圈在电压最低的磁极下面。观察法就是将电机运行几分钟，然后拆下转子，检查有无烧焦处或臭味；或用手摸线圈，短路线圈比其他线圈热。对于有明显可见的短路点的线圈，只要把损坏部分重新绝缘即可。若短路线圈没有明显的短路点，应当拆下重绕。

**3. 相间短路**　相邻相线圈间的绝缘破坏或修理时接线错误，都可能导致相间短路。相间短路一般使用电流表检查，将一个低压交流电源接到每相绕组上，并串入一个适当量程的交流电流表，短路的相因电抗减小，电流增大。找到短路相后，看短路点是否明显可见，如果短路点可见且不严重，加强绝缘即可，其余情况下都必须重绕。

**4. 线圈接反**　电动机工作状态下，周期性出现负荷过重，转速下降并有特殊响声的现象，说明电机某个绕组有个别线圈接反了。检查时各相线圈均通以低压直流电，使用指南针沿定子铁芯移动，在线圈接反处，指南针方向也会变反。找到接反的线圈将其改正过来即可。

**5. 电源电压与电机电压不符**　如果电源电压与电机电压不符，首先检查电源电压是否与电动机铭牌电压相符，如果电源电压正常，则可能是电动机修理时线圈接错了。如果电源电压不足，可能是误将并联接成串联，或误将三角形接成星形了。该种情况下，首先检查接线是否正确，发现错误及时改正过来即可。

**6. 轴承故障** 电动机使用过程中，常见的有以下轴承故障：

（1）润滑油不足或过多引起轴承发热。润滑油不足时，添加适量润滑油至规定位置，润滑油过多时，将油位减至约为油室 2/3 高度。

（2）轴承太紧引起轴承发热。调整皮带，洗净或更换轴承。禁止在停机时使用冷水冷却轴承，这样可能导致主轴弯曲而跳动。

此外，还有油环停止工作（润滑油不足等）、轴承内圈不转（因主轴弯曲），轴承松动（电动机受到震动而引起的）等故障。

### （二）柴油机的常见故障及其排除

**1. 启动困难**（表 5-2）

**表 5-2 故障原因与排除方法**

| 故障原因 | 排除方法 |
| --- | --- |
| 温度过低 | 冷却水及润滑油加热 |
| 高压油泵不供油 | 清洗柴油滤清器；清洗出油阀组件；清洗油泵柱塞 |
| 喷油器工作不良或不工作 | 清洗、研磨喷油头；更换喷油弹簧；调整供油提前角 |
| 压缩力不足 | 更换缸垫；更换气门杆；调整气门间隙 |
| 燃油内有水 | 沉淀后将水放掉 |
| 空气滤清器堵塞 | 清洗并吹通 |
| 燃烧室积存柴油过多 | 将油门关闭，摇车排除 |

**2. 机油压力过低或无压力**（表 5-3）

**表 5-3 故障原因与排除方法**

| 故障原因 | 排除方法 |
| --- | --- |
| 机油不足或机油过稀 | 添加机油，检查机油中是否有水和柴油 |
| 连杆轴承、主轴承与轴颈磨损严重 | 修磨曲轴，更换轴承 |
| 润滑油路中漏油 | 检查排除 |
| 曲轴净化油道闷头脱落 | 配装闷头 |
| 主油道工艺孔铅堵脱落 | 配装铅堵 |

**3. 工作状态下，柴油机内有异常敲击声**（表 5-4）

**表 5-4 故障原因与排除方法**

| 故障原因 | 排除方法 |
| --- | --- |
| 供油时间早，机器过冷 | 调整供油时间，先预热再加负荷 |
| 活塞销与衬套间隙过大 | 更换衬套 |
| 喷油器雾化不良、滴油 | 检修或更换喷油头 |
| 喷油压力过高或过低 | 调整喷油压力 |
| 曲轴轴向间隙太大 | 调整轴向间隙 |

**4. 排气冒烟**（表 5-5）

**表 5-5 故障原因与排除方法**

| 故障原因 | 排除方法 |
| --- | --- |
| 冒黑烟 | 减轻负荷或调整供油时间；调整供油量；清洗滤芯；检查润滑系统 |
| 冒蓝烟 | 更换活塞环；检查活塞与缸套间隙；检查气门导管与气门杆的间隙 |
| 冒白烟 | 预热，将油中的水放掉；调整供油时间；检查、调整、更换喷油头 |

**5. 飞车**（表 5-6）

**表 5-6 故障原因与排除方法**

| 故障原因 | 排除方法 |
| --- | --- |
| 调速器失灵 | 检查校正调速器 |
| 高压油泵齿条“卡死”或脱落拨叉 | 检查修理 |
| 烧机油 | 检查油底壳油面及呼吸器 |
| 空气滤清器油面过高 | 放出多余机油 |
| 调速器内加注过多的机油 | 放出多余机油 |

# 项目四 喷灌及滴灌系统

## 知识目标

1. 了解喷灌系统的定义与分类。
2. 了解喷头的结构、工作原理与工作参数。
3. 了解滴灌系统及其相关设备的定义、组成与分类。

## 技能目标

能合理选择喷灌系统的喷头。

### 一、喷灌

喷灌是将由水泵加压或自然落差形成的有压水通过压力管道送到田间，再经喷头喷射到空中，形成细小水滴，均匀地洒落在农田，达到灌溉的目的。近年来，喷灌的工作范围已由蔬菜、苗圃和果园向大田作物扩展。

#### （一）喷灌系统分类

喷灌系统一般包括水源、田间渠道、水泵、动力机械、输水管道及喷头等。根据各组成部分的可移动程度，可将喷灌系统分为固定式、移动式和半固定式三种。

**1. 固定式喷灌系统**　固定式喷灌系统除喷头外，其余组成部分都是固定不动的。动力机和水泵构成固定抽水站，干管和支管埋在地下，竖管伸出地面。喷头安装在竖管上使用。该系统使用操作方便，生产效率高，运行成本较低，便于实现自动化控制，主要用于灌水频繁的蔬菜和经济作物生产区。

**2. 移动式喷灌系统**　该种工作系统仅在田间布置供水点，整套喷灌设备可以移动，通过在供水点抽水实现不同地块的定点喷洒，大大降低了投入成本，提高了设备利用率。

**3. 半固定式喷灌系统**　半固定式喷灌系统的动力机械、水泵和干管固定，喷头和支管可以移动。设备在一个位置喷洒完毕，便可移到下一位置，减小了购买数量，进而降低整体投资。

#### （二）喷头的种类和工作原理

喷头是喷灌系统最重要的组成部件，作用是将加压水流的压能转变为动能，喷到空中形成雨滴，喷洒到灌溉面积上，对作物进行灌溉。

喷头的种类很多，按照工作压力，喷头可分为低压喷头（近射程喷头）、中压喷头（中射程喷头）和高压喷头（远射程喷头）3 种。

按喷洒特征，喷头可分为固定散水式和旋转射流式两大类：

**1. 固定散水式喷头**　固定散水式喷头在工作过程中与竖管没有相对运动，喷出的水沿径向向外同时洒开，湿润面积是一个圆形（或扇形），湿润圆半径一般只有 5～10m，喷灌强度较高。固定散水式喷头因结构简单、水滴对作物的打击强度小等优点，在温室、菜地、花圃中常使用，这种喷头的缺点是喷孔易被堵塞。固定散水式喷头按结构和喷洒特点又可分为折射式、缝隙式和离心式 3 种。

（1）折射式喷头。主要包括喷嘴、折射锥和支架3部分，水流由喷嘴垂直射出后遇到折射锥阻挡，形成薄水层沿四周射出，在空气阻力作用下裂散为小水滴降落到地面。折射式喷头因其射出水流分散，故射程不远，一般为5～10m。喷灌强度为15～20mm/h以上。

（2）缝隙式喷头。是在封闭的管端附近开出一定形状的缝隙，水流自缝隙均匀射出，散成水滴而落到地面，缝隙一般与水平面呈30°夹角，以获得较大的喷洒半径。缝隙式喷头结构更简单，但可靠性差，工作时要求水源清洁。

（3）离心式喷头。主要由喷嘴、锥形轴和蜗形外壳等组成。工作时水流沿切线方向进入蜗壳，绕铅直的锥形轴旋转。故经喷嘴射出的薄水层具有沿半径向外的速度和转动速度，在空气阻力作用下，水层很快被粉碎成细小的水滴，散落在喷头周围。离心式喷头的优点是水滴对作物的打击强度很小，缺点是控制面积太小。

**2. 旋转射流式喷头**　该种喷头可分为单喷嘴、双喷嘴和三喷嘴3种。压力水通过喷嘴形成射流，朝一个方向或多个方向射出，与此同时，驱动机构使喷头绕铅垂轴旋转，在空气阻力和粉碎机构的作用下，射流逐步裂散成细小水滴。喷洒在喷头四周，形成一个以射程为半径的湿润圆。旋转式喷头又可分为摇臂式喷头和叶轮式喷头两种。

（1）摇臂式喷头。摇臂式喷头主要包括喷体、摇臂转动机构、旋转密封装置和扇形机构等部分。压力水流通过喷嘴形成集中水舌射出，水舌内有涡流，在空气阻力作用下，水舌被裂碎成细小的水滴，传动机构使喷头绕竖轴缓慢旋转，这样水滴就均匀喷洒在喷头四周，形成一个半径等于喷头射程的扇形灌溉面积。

（2）叶轮式喷头。也称为蜗轮蜗杆式喷头，工作时，由射流冲击叶轮并通过传动机构带动喷体旋转。由于射流速度很大，故叶轮的转速也较高，但是喷体只要求每分钟转0.2～0.35圈，同时需要较大的驱动力矩，故通过两级蜗轮蜗杆降速。这种喷头的优点是转速稳定，不会因振动引起旋转失灵；主要缺点是结构复杂，制造工艺要求较高，成本大。

### （三）喷头的基本参数和选择

**1. 喷头的基本参数**

（1）喷嘴直径。反映喷头在一定压力下的过水能力。压力一定的情况下，嘴径大，喷水量也大，射程也远，但雾化效果差；反之，嘴径小，喷水量就少，射程近，但雾化程度好。

（2）工作压力。单位为Pa，指工作时喷头附近的水流压力。

（3）喷水量 $Q$。即流量，单位是 $m^3/h$，是喷头单位时间内喷出水的体积，估算时可用下式表示：

$$Q=3600\mu\omega\sqrt{2gH}$$

式中　$\mu$——流量系数，可取 0.85～0.95；

$\omega$——喷嘴过水断面面积（$m^2$）；

$g$——重力加速度（$m/s^2$）；

$H$——工作压力以米水柱表示（m）。

（4）射程 $R$。喷头喷出水流的水平距离，单位为 m。喷头的喷射仰角为 30°～32°时，射程的估算公式为：

$$R=1.35\sqrt{dH_{嘴}}$$

式中　$d$——喷嘴直径；

$H_{嘴}$——喷嘴和以米水柱表示。

（5）喷头的转动速度 $n$。喷头工作时，转动速度过快，会减小射程；过慢又会造成地面积水和径流，一般以不产生径流积水为宜。一般低压喷头每转一圈约 1min，中压喷头每转一圈需 3～4min，高压喷头每转一圈需 6～7min。

**2. 喷头的选择**　选择喷头时，要根据农业技术要求、经济条件及喷头型号、性能等综合进行经济技术比较而确定喷头的工作压力。工作压力是喷灌系统的重要技术参数，它决定了喷头的射程，并关系到设备投资、运行成本、喷灌质量和工程占地等。高压喷头的射程远，但配套功率大，运行成本高，喷出的水滴粗，受风影响大，喷灌质量不易保证。低压喷头的水滴细，喷灌质量容易保证，而且运行成本低，但管道用量大，投资高。此外，选择喷头时还要考虑使喷头各方面水力性能适合于喷灌作物和土壤特点。对于蔬菜和幼嫩作物要选用具有细小水滴的喷头；而玉米、高粱、茶叶等大田作物则可采用水滴较粗的喷头。对于黏性土，要选用喷灌强度低的喷头；而沙质土，则可选用喷灌强度高的喷头。

## 二、滴灌

滴灌是将水以点滴的方式缓慢地滴入作物根部附近，使作物主要根区的土壤经常保持最优含水状况的一种先进灌溉方法。

滴灌用的各种设备与水源工程一起组成滴灌系统（图 5-3）。水从滴头流出后，通过重力和毛细管作用力的作用在土壤中形成一定范围的含水量带，作物根系趋向于集中在水分充足、通气良好、盐分较少、吸收水条件最好的地方。

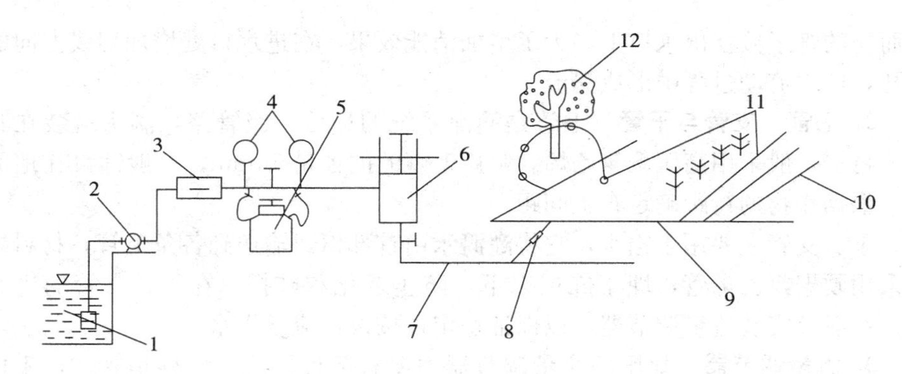


图 5-3　滴灌系统

1. 水源　2. 水泵　3. 流量计　4. 压力表　5. 化肥罐　6. 过滤器
7. 干管　8. 滴头　9. 毛管　10. 支管　11. 流量调节器　12. 作物

### （一）滴灌系统的组成与分类

滴灌系统主要包括首部枢纽、管路和滴头三大部分。

**1. 首部枢纽**　主要由水泵及其配套动力机、化肥罐、过滤器、控制与测量仪表等组成，作用为抽取灌溉水，加压，施入化肥，过滤，将一定压力、一定数量的水肥送入干管。

**2. 管路**　主要包括干管、支管、毛管及必要的调节设备（如压力表、闸阀、流量调节器等），作用是将加压水均匀地输送到滴头。

**3. 滴头**　作用为使水流经过微小的孔道，形成能量损失，减小压力，使水以点的方式灌入作物根系的土壤。

滴灌系统可分为固定式滴灌系统和移动式滴灌系统两类。固定式滴灌系统的毛管和整个灌水区不动，故毛管和滴头用量很大，系统的设备投资较高。移动式滴灌系统的毛管和滴头可以移动，但须用较大长度的毛管，靠人工或机械移动，劳动强度大，操作不便。

### （二）滴灌设备

滴灌设备主要包括一些灌溉系统的通用设备、滴头、流量调节器、过滤器、化肥罐等部件。

**1. 滴头**　控制毛管进入土壤的水流，其工作状况直接关系到滴灌系统的正常运行。目前，国内外滴灌系统中常用的滴头主要包括以下几种：

（1）长流道滴头。主要通过一个螺纹形式的狭长细小的流道来形成水头损失。另外还采用其他方法来增加阻力损失，如增加流道的粗糙度等，使出水口处压力近于零，水在自重作用下成滴状滴出。

（2）管嘴或孔口滴头。使用一个小管嘴或孔口使水流压力消散，或将一个细而长的管子接在出水口上，为了增加消能效果，在进水口处增加切线方向的小孔，使水流动过程中形成涡流。

**2. 毛管、支管与干管** 毛管是滴灌系统的最后一级管路，滴头就装在其上，材料一般采用高压聚氯乙烯。常用毛管的内径是 10mm，一般铺设在地面上，根据作物的行距确定布置间距。

干、支管主要用于输水，它将灌溉水由首部枢纽输送到各条毛管，材料一般采用硬聚氯乙烯管，埋于冻层以下，防止老化和破损。在干、支管的进水端，一般都安装流量调节器，以保证稳定地按设计流量供水。

**3. 流量调节器** 常用的流量调节器主要有两种形式。一种是阀式，手操作阀门，使其处于不同的开度而控制流量。另一种是保持固定流量的流量调节器，如图 5-4 所示，其工作原理是，当进口压力不超过正常值时，弹性橡胶环处于图 5-4A 所示凸起位置，这时过流孔口断面大；当进口压力升高时，橡胶环被压缩至图 5-4B 所示平直位置，其过流孔口断面减小。

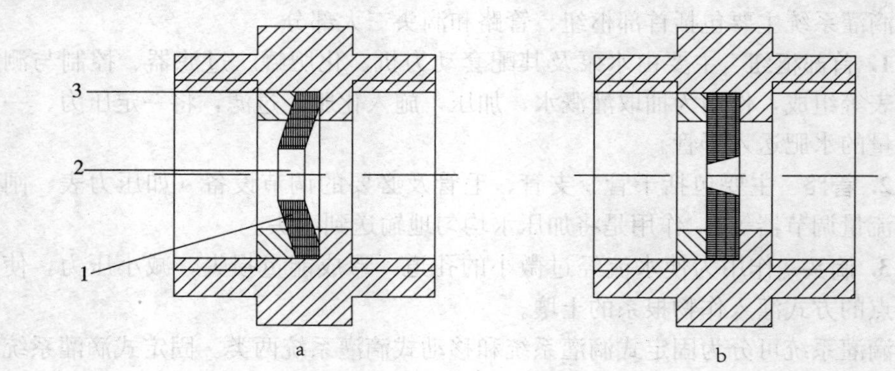


图 5-4 流量调节器

1. 橡胶环 2. 过流孔口 3. 压环

**4. 过滤器** 滴灌系统中经常采用的过滤器主要有滤网式、砂砾滤层式等。

（1）滤网式过滤器。外壳和滤网都呈圆柱形，滤网分内、外两层，由塑料或耐腐蚀的金属做成，孔的大小及其总面积决定了其效率和使用条件。这种过滤器对除去水中的极细砂是有效的，但容易被大量藻类和其他有机质堵塞。

（2）沙砾料层式过滤器。这种过滤器是一定容量的金属罐，顶盖上设调压阀，罐底依次铺放粒砾石、粗砂、细砂。水由顶盖进水管注入，过滤后的水由罐压阀门流出。为了使上部注水时不冲乱砂石或过滤层，进水管进入罐后分叉成十字形，水由许多孔口注入。当灌溉水中含有大量细砂并夹杂粗砂粒时，用此种过滤器就较为合理。

除上述两种过滤器外，有时也使用离心式以及沉砂池等过滤装置。

**5. 化肥罐**　滴灌工作时可同时施入化肥。盛化肥的设备即为化肥罐。罐的容量一般为0.5～1L，化肥液由化肥罐注入滴灌系统的干管。化肥的注入方法有利用差压系统注入与利用泵将肥液打入灌溉水两种。注入泵式的化肥罐不承受罐内水压力，可用薄金属或塑料做成，这样成本较低，但是，注入泵的工作需要外部动力。

# 单元六

# 谷物收获机械

## 项目一　概　述

### 知识目标

1. 掌握机械化谷物收获的主要方法和特点。
2. 了解谷物收获机械的分类方法和类型。

### 技能目标

1. 能够选择适合于北方的谷物收获方法。
2. 能够正确判断常用谷物收获机械的类型。
3. 能够分析北方常用谷物收获机械的特点。

### 一、机械化谷物收获的方法及特点

近年来，玉米、小杂粮的种植面积不断增大，然而在农业生产过程中，谷物收获是一个比较复杂的工艺过程。收获作业的完成要经过收割、脱粒、清选、谷粒装袋、运回等过程，需要满足适时收获、收获损失小、谷粒破碎率和损伤率低、籽粒清洁度高的农业要求。

由于地区、经济结构、种植方式、技术水平的不同，谷物收获的方法也不同。山西省的机械化谷物收获方法主要采用以下几种：

**1. 谷物分段收获法**　该种方法的收获过程分多个程序完成，分别采用收割机、脱粒机、扬粮机等独立的机械设备进行收割、脱粒、清选等作业，其应用已经在逐渐减少。该类谷物收获方法具有技术成熟、生产效率低、劳动强度大、作业周期长、收获损失高、实用技术要求不高等特点，但是设备简单、类型多、维护保养与故障维修简便。

**2. 谷物联合收获法**　该种方法采用联合收获机，可以一次完成作物的收割、脱粒、分离和清选等多项作业，为全自动化的收获方式，其应用正在逐步扩大。该类谷物收获方法具有机械化程度高、生产率高、劳动强度小、作业周期短、收获损失小、作业质量好等优点；但是设备使用技术要求高，价格高，机器利用率低并需要较大的田地。

**3. 谷物两段收获法**　该种方法采用割晒机和带有捡拾器的联合收获机分别进行收割作业以及捡拾、脱粒、分离、清选作业，即前期使用分段收获法，中期和后期使用联合收获法，但在两次作业期之间需要3～5d的晾晒时间，以保证谷物完成后熟并风干。该类收获方法具有设备利用率高、生产率高、收回籽粒含水量小、谷粒饱满、清洁度高等优点；但是作业周期长，设备投资大，增大了土壤破坏和压实程度。

## 二、谷物收获机械的类型

谷物收获机械的分类方法比较多，根据用途可分为收割机械、脱粒机械、联合收获机械3类，其中收割机械包括收割机（图6-1A）、割晒机（图6-1B）、割捆机（图6-1C）等。

A　　B　　C

图6-1　收割机械

A. 时风玉米收割机　B. 安徽怀远农机一厂4GL-100　C. 潍坊三星机械4K-50

谷物收获机械按动力可分为牵引式、自走式和悬挂式谷物收获机械3类。牵引式的谷物收获机械作业时动力机与作业机分开，由拖拉机牵引并由拖拉机动力输出轴提供动力，但是作业时不能自行开道，机动性差。自走式谷物收获机械自身具有动力，其结构紧凑，机动性好，生产率高，适用性强；但是结构复杂，故障分析与维修难度大，价格高。悬挂式谷物收获机械将割台置于拖拉机前方，并用拖拉机悬挂作业机具进行作业，拖拉机与作业机组分开，作业无需专门开道，但是整体性较自走式差，安装拆卸及维修麻烦。

谷物收获机械按喂入方式可分为全喂入式和半喂入式两类。全喂入式谷物收获机械消耗动力较大，可将作物的茎秆和穗头全部喂入脱粒、分离装置，又可分为切流式全喂入和轴流式全喂入两种。前者目前应用较多，后者为目前发展的新技术，正在逐步推广中。半喂入式谷物收获机械是将作物茎秆用夹持输送装置夹住，仅将穗部喂入脱粒滚筒，其具有机构简化、功耗小的特点。

谷物收获机械按农艺要求又可分为分段收获机械和联合收获机械两类。

# 项目二　收割机械

## 知识目标

1. 了解收割机械的类型和特点。
2. 了解收割机械的基本构造和工作特点。
3. 掌握常用收割机械的维护与保养方法。
4. 掌握常用收割机械的故障分析与排除方法。

## 技能目标

1. 能够正确判断收割机械的类型。
2. 学会分析常用收割机械的基本构造和工作特点。
3. 能够进行收割机械的日常与季后保养与维护。
4. 能够分析与排除收割机械作业中的常见故障。

## 一、类型及特点

收割机械主要用于谷物的分段收获，主要完成收割、铺放作业。收割机械按照茎秆铺放方向可分为收割机、割晒机、割捆机 3 类，其特点见表 6-1。其中，由于收割机被割谷物茎秆的输送方式不同又可分为立式收割机和卧式收割机两类。

表 6-1　收割机械的特点

| 类　型 | | 特　点 |
|---|---|---|
| 收割机 | 立式收割机 | 割台为立式，收割时切断谷物的茎秆，茎秆在直立状态下被输送装置送到收割机一侧，并铺放在留茬地上。该类设备的机构纵向尺寸较短。该类设备主要用于分段收获法 |
| | 卧式收割机 | 割台为卧式，收割时切断谷物的茎秆，茎秆在卧倒状态下被输送装置送到收割机一侧，并铺放在留茬地上。该类设备的输送过程平稳。该类设备机构纵向尺寸大，主要用于分段收获法 |

（续）

| 类 型 | 特 点 |
|---|---|
| 割晒机 | 收割时切断谷物茎秆，茎秆放铺的方向为机器前进方向平行的顺向。该类设备方便进行两次作业间晾晒，适用于两段收获法 |
| 割捆机 | 收割时切断谷物茎秆，并自行捆成小捆，放于田间 |

## 二、基本构造及工作特点

收割机的类型较多，但其基本构成相同，由扶禾装置、切割器、输送装置、传动装置、机架和悬挂升降机构等部分组成。割晒机主要有自走式、拖拉机牵引式和悬挂式 3 种类型，一般由传动装置、悬挂装置和割台总成 3 部分组成。割捆机一般由切割装置、打捆装置、分禾装置、行走装置、附件等几部分组成。在小麦、谷子种植面积较大的地区，在其收割中主要使用卧式割台收割机。以 4GW-1.7 型麦稻收割机为例介绍其结构，如图 6-2 所示，主要由拨禾轮、输送装置、分禾器、切割器、机架、悬挂升降机构等组成。

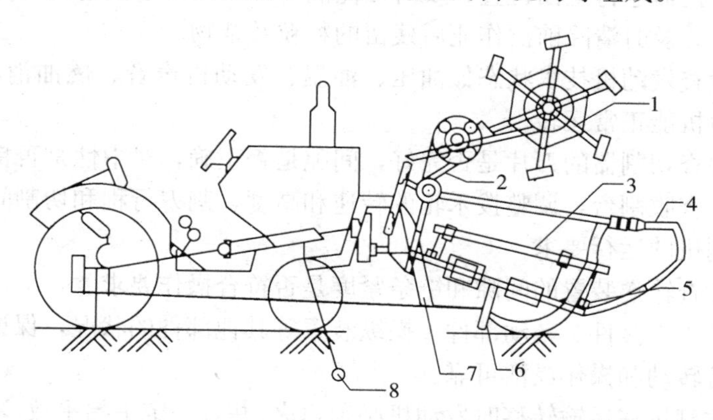


图 6-2 4GW-1.7 型卧式割台收割机结构
1. 拨禾轮 2. 输送装置 3. 分禾器 4. 切割器 5. 机架
6. 悬挂升降机构 7. 传动系统 8. 传动联轴器

工作原理：工作时，拖拉机输出动力驱动拨禾轮、输送带和切割器工作，分禾器将行内谷物茎秆集束引向切割区，并在拨禾轮的后向推送扶持下被切割器切割，随即倒向输送带（也可能是螺旋搅龙）被传出。

工作特点：该设备主要与 25 马力拖拉机配套使用，其适应性好，可以完成多种作物的切割，割幅一般为 0.5～5m 并且大小可以调节，属于有支撑切割的类型，有护刃器配合，刀片损坏少并且收割时茬齐，结构简单，维修方便。但是由于惯力振动大，机组速度的相对较难提高，在进行粗秆切割时容易出现撞刀、崩刃的现象。在该设备的装配过程中，要保持整列中护齿间距相等，齿尖在同一水平线上，定刀在同一平面内；安装后将动刀放置在极点位置时，动刀、定刀应保持重合；动刀、定刀之间应保持一定的间隙。

## 三、维护与保养

收割机的使用寿命一般较长，但是如果不进行维护与保养会缩短其使用寿命。因此在使用过程中要注意维护和保养，定期对收割机各部位进行清洁，检查，紧固，调整，润滑，添加和更换易损零部件等。

### （一）使用前的技术检查

为了防止收割机在工作中发生故障，设备在操作前应该做以下几方面的检查和准备：

（1）检查各部件中螺栓的紧固情况，如果出现松动，必须紧固后再使用。

（2）检查各部件的功能，保证各部件处于完好状态后再使用。

（3）对机器进行全面检查，及时加注润滑油，以便于润滑任一处容易出现磨损部位，并及时清除前次作业后残留的籽粒及杂物。

（4）检查发动机技术状态如油压、油温、发动机声音、燃油消耗等状况，并保证动力机能正常运转。

（5）检查切割器的刀片是否完好，间隙是否正确，对中性是否良好。

（6）检查收割台，调整拨禾轮的转速和高度、割刀行程和切割间隙等，保证符合收割机的运行要求。

（7）检查输送装置的间隙和链条紧度是否符合操作要求。

（8）检查焊接件、转动部件、操纵装置等其他部件的状况，保证焊接件无裂痕，设备转动和操作灵活可靠。

（9）收割机在运输转移时发动机必须熄火，并且一定平抬平放，不得倒置。

（10）在做好使用前的调整后进行润滑，启动机器开机低速空运转 5～10min，确定没有障碍后再开始作业，以避免机器带“病”作业，提高收割机的使用寿命和工作效率。

### （二）使用后的保养

收割机在使用后要注重日常保养和作业季后保养，以减小机器的破损程度，延长使用寿命。

#### 1. 机器的日常保养

（1）收割作业完成后要及时停机，减小能量损耗和磨损，保证机器设备的安全。

（2）日常收获完成后要彻底清除拨禾轮、切割器、割台等部位的残留籽粒、茎秆、草屑、油污等杂物，检查切割器传动机构、拨禾轮和割台等的紧固状况。

（3）检查护刃器和动刀片的磨损情况，如果出现磨损状况或脱漆应及时补刷和涂防锈油，严重者进行更换。

（4）检查输送装置和传送装置的链条紧度。

（5）检查各零件是否损坏，若已损坏应及时更换零部件，选择符合说明书中规定的规格，以免影响收割机的性能。

（6）采用机油润滑轴承、刀头压板、弹齿销、滚动副、传动链等部位，根据要求选择专用机油润滑发动机，保证使用时的灵活性和可靠性。

**2. 机器的季后保养**

（1）检查各零部件的磨损程度，如果出现损坏要及时进行更换或者返厂修理。

（2）使用完后用水刷洗机器外部，待干后使用抹布抹上少量润滑油。

（3）在容易出现磨损的部位涂上防锈油，以防止长期不用而生锈，造成机器的损伤。

（4）将链条、皮带等卸下并单独存放。

## 四、常见故障及排除

收割机在使用一段时间后会出现各种故障，多数故障是由人为因素造成的，此类故障可以通过保养、调整和正确操作以避免。如果是非人为因素造成的故障，需要及时进行维修来排除，以保证正常工作。

### （一）故障的预防

**1. 切割器损坏**　在收割机操作的过程中要注意前方的障碍物，以有效避免该类损坏的发生。如果刀片出现损坏，要及时更换，以避免因切割阻力增大造成其他部件损坏。在使用前将割刀的间隙和压刃刀的间隙调整适合，并检查固定螺栓的连接状况，可以避免拉杆的折断。通过消除过大的切割阻力，正确安装驱动机构可以有效避免刀杆的折断。

**2. 打滑**　在机器使用时要合理调整叶片与割台地面的间隙，以避免推动器打滑。

**3. 谷物反吐**　通过控制机器的速度，减小割幅，适当地保持喂入量，可以有效减小该状况的发生。

### （二）常见故障排除

**1. 割台堵塞**　该故障主要是由于杂草过多，割茬过低，遇到石头、钢丝等障碍物，割刀间隙过大，刀片或者护刃器损坏，动定刀片配合位置不对中等原因而引起的。在使用过程中可分别通过以下方法来排除故障：用手扶把或调整割台适当提高或降低割茬；停车熄灭发动机，清除障碍物；调整割刀至合适的间隙；更换新的刀片或护刃器；进行对中调整。

**2. 漏割** 出现该故障时应及时检查割刀是否损坏，分禾器前端高度是否异常，割刀上是否堆积泥土和草屑等杂物，拨禾轮调整是否适当，停车起步时是否切割速度过低，拨禾轮的速度是否合适。因割刀损坏而引起的漏割应及时更换割刀；因泥土堆积而引起的漏割应清除泥土、草屑等杂物；因拨禾轮调整不当引起的漏割应根据谷物的倒伏方向调整拨禾轮的前后高低位置、弹齿的倾角，一般以与倒伏方向成45°角为最佳；因停车起步引起的漏割应先倒车，等切割器稳定后再前进；因拨禾轮速度不合理引起的漏割，应提高拨禾轮转速或降低机器转速，来调整二者的比值，以排除故障。

**3. 割台前堆积谷物** 该故障的出现主要是由割台推动器与地面间隙过大、拨禾轮速度过低、拨禾轮位置太高或者偏前或割下的谷物短少而造成的。在进行故障排除时可分别采用以下方式来解决：向下调整推运器以减小间隙，提高拨禾轮高度，降低拨禾轮并后移，提高前进速度或降低割茬。

**4. 籽粒损失过大** 该故障出现时需要检查拨禾轮的高度及位置，速度过高、位置过高、位置靠前都容易出现该故障，可以通过适当的调整来排除该故障。

**5. 作物不能输送或作业中突然停止** 该故障的出现主要是由割刀或输送部分有泥块等杂物、传动装置松动或打滑而引起的。在进行故障排除时可以检查割刀输送部分，若出现杂物应及时清除；调整或者更换传动装置的链条或者皮带，并调整好正确的收割高度。

# 项目三 脱粒机械

## 知识目标

1. 了解脱粒机械的类型和特点。
2. 了解脱粒机械的基本构造和工作特点。
3. 掌握常用脱粒机械的维护与保养方法。
4. 掌握常用脱粒机械的故障分析与排除方法。

## 技能目标

1. 能够正确判断脱粒机械的类型。

2. 学会分析常用脱粒机械的基本构造和工作特点。
3. 能够进行脱粒机械的日常与季后保养与维护。
4. 能够分析与排除脱粒作业中的常见故障。

## 一、类型及特点

脱粒机是将籽粒从割后的谷物茎秆上脱下，并且脱粒后从脱出物中进行分离、清选的机器。根据脱粒原理，脱粒的方法主要有冲击脱粒、揉搓脱粒、碾压脱粒、梳刷脱粒、振动脱粒 5 种。根据不同的脱粒方法以某种原理为主、其余原理为辅可设计多种脱粒装置，并在相互协同下完成脱粒作业。根据谷物喂入方式可分为全喂入式脱粒机和半喂入式脱粒机。其中，全喂入式脱粒机根据谷物通过脱粒装置的方式可分为切流型和轴流型脱粒机两类；根据按脱粒程度可分为简易式脱粒机、半复式脱粒机、复式脱粒机 3 类，其特点见表 6-2。

**表 6-2 脱粒机的特点**

| 类型 | | 特点 |
|---|---|---|
| 全喂入式脱粒机 | 简易式脱粒机 | 仅有脱粒装置，但所得谷粒为谷粒、颖壳、茎秆等的混合物，不能分离清选，需要后续的加工处理环节。该类脱粒机的生产率较低，所需动力较小 |
| | 半复式脱粒机 | 具备脱粒、分离和清选的功能，所得谷粒较干净，但是脱粒不太彻底并存在少量含有颖壳、茎秆等的混合物，仍需进一步清选。该类脱粒机的生产率较适中，所需动力适中 |
| | 复式脱粒机 | 具备脱粒、分离、清选、复脱、复清、分级等功能，可以得到不同级别的干净籽粒。该类脱粒机的生产率高，所需动力较大 |
| 半喂入式脱粒机 | | 无分离机构，仅穗部进入脱粒装置，茎秆完整性好，所耗用功率小，可进行脱粒和清选，体积小，成本低，但生产率受到限制，对茎秆的夹持要求严格 |

## 二、基本构造及工作特点

脱粒机工作时需要满足脱粒效率高、脱净率高、损失率和破碎率低、清洁率高、通用性强、茎秆破碎小、耐用性和可靠性强、使用和保养方便的农业技术要求。由于脱粒的原理不同，在不同的作物品种、不同的贮存方式和不同的后加工处理形式中所选择脱粒方法也不同，因此脱粒方法的选择要根据作物的特性来确定。对于种植面积较大的地区，传统打谷子的方法是机械碾压，这种方法不仅效率低而且损失大，为消除安全隐患并提高生产率，山西省高平市宏大机械制造有限公司研制出5TG-100-480-A型谷子脱粒机（图6-3A）和5TG-100B型谷子脱粒机（图6-3B），为谷子脱粒提供了新的方法和设备。该脱粒机采用内壁高速旋转风离器的清选结构，并在出口增设了除尘吸渣设备，改进了捶打钉齿和凹板的设计。

图6-3 山西高平宏大谷子脱粒机
A. 5TG-100-480-A型 B. 5TG-100B型

现有脱粒机脱粒原理复杂，种类和型号繁多，但就常用的脱粒机而言，一般由脱粒装置、分离装置、清粮装置、传动装置和机架等部分组成，其中脱粒装置、分离装置、清选装置是脱粒机械的3个最主要组成部分。以5TG-200型脱谷机的机构为例介绍其基本结构，如图6-4所示，主要包括顶盖、侧盖、托架、凹板、前支承、清选风扇、弓齿、脱粒滚筒、活动栅栏、筛子、风力调节板8个基本组成部分。

脱粒装置是脱粒机的核心，主要使用的有纹杆滚筒式脱粒装置、钉齿滚筒式脱粒装置、双滚筒脱粒装置、轴流滚筒脱粒装置、弓齿滚筒半喂入脱粒装置5种类型。5TG-100-480-A型谷子脱粒机采用的分离装置主要是长弧形齿或长钩形齿的钉齿滚筒式脱粒装置，脱离装置转动过程中谷物被钉齿钩住，在离心力的作用下被甩掉，多次反复完成脱离。

工作原理：谷物在脱粒过程中从滚筒的喂入口垂直喂入，在滚筒的旋转下谷物在脱粒装置中受到滚筒和凹板的打击和搓擦作用，完成脱粒。未经清理的谷粒通过栅格状凹板进入清选装置，长脱出物则进入分离装置进行茎秆与籽粒的分离，长茎秆被排出机外；籽粒等短脱出物则通过分离装置上的筛孔进入下方的清选装置进行清选。在振动筛、鼓风机的风力作用下，颖壳、秕谷等细小轻杂物被吹出机外，分离出的干净谷粒经由收集装置进入集粮装置，从最下层出来。

工作特点：脱粒机械的核心工作部件是脱粒装置，决定了整个系统的工作

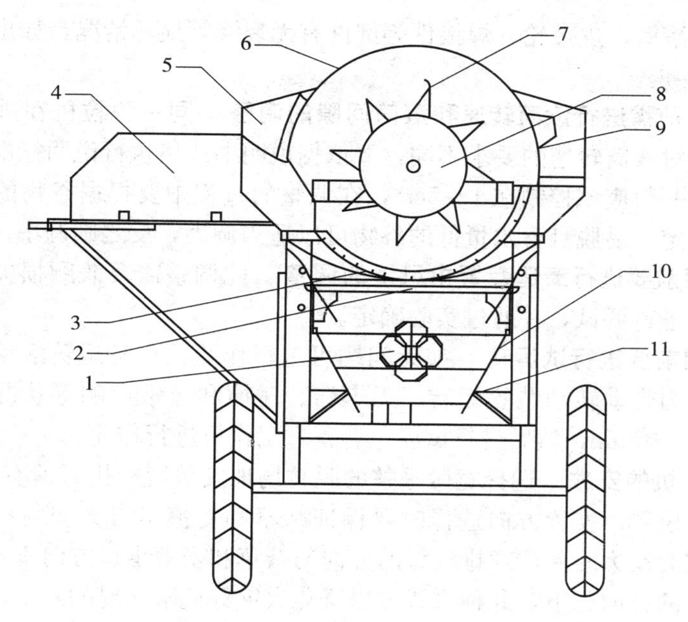


图 6-4 5TG-200 型脱粒机

1. 清选风扇 2. 前支撑 3. 凹板 4. 托架 5. 侧盖 6. 顶盖
7. 弓齿 8. 脱粒滚筒 9. 活动栅栏 10. 筛子 11. 风力调节板

质量和生产情况，其工作性能的优劣对其他辅助工作部件具有很大的影响。脱粒机作业前要检查其分离能力，调整滚筒的入口间隙，使之合理，调整谷物喂入量，使之均匀、适量、正确，保证脱粒干净、暗伤少、破损率小。需要安装匹配的电动机，5TG-100 型谷子脱粒机需要配备 7.5～11kW 四级电动机，在使用过程中脱粒机的速度不宜过高。脱粒机使用时需要按照说明书规定的转速进行调整使用，不可根据意愿任意提高转速。如果转速过高，不仅达不到想要的脱离效果，还会出现籽粒破碎严重、机器使用寿命缩短、不安全因素增加等不利情况。在脱粒机的其他配置中要根据特点选择合适的皮带轮等机构（包括清选风扇所需）根据脱粒方向进行安装，不可装反方向，否则会影响籽粒的脱离效果和清洁度。

## 三、维护与保养

### （一）使用前的检查与调整

**1. 使用前需安全检查** 检查螺母是否松动，包括滚筒纹杆或钉齿紧固螺母、皮带轮、机架等位置，如松动需要紧固，而滚筒间隙调整螺母需要根据实际的间隙要求进行调整，以避免作业中机器发生故障或者出现人身事故。另外，要检查滚筒、皮带轮、焊接件等部件有无裂缝等损坏情况，如出现损坏应及时更换。

**2. 使用前需进行滚筒转速和滚筒间隙的调整** 同一脱粒机在进行不同作物的脱粒时对滚筒转速的要求不同，要依据说明书严格执行说明标准。滚筒与凹板的间隙一般应该控制在1～5cm，在调整的过程中要根据谷物的种类和干湿情况来确定，易脱且含水量低的谷物可以适当调大，反之则调小。

**3. 使用前要进行清选装置中风量的调整** 此调整需要兼顾损失少、清洗干净的原则进行调试，并通过实验确定。

**4. 使用前要进行试运转** 如无问题可进行作业。在各运转活动部位涂润滑油，用人力带动转动装置运转，无卡滞、碰撞和异常声响等状况后接通动力，空转5～10min，然后进行试脱，若正常工作可进行作业。

**5. 脱粒机的安放** 选择宽敞平整的脱粒场地安放脱粒机，留有足够操作、保养、维修位置。安置方向选择时要保证杂草和麦糠出口方向与自然风向相同，布置配套动力时要注意排气管的方向与杂草和麦糠出口方向不一致，并且避免排气管的方向朝下，此种方式可以避免火灾等危险状况的发生。

**6. 注意着装** 相关的操作人员要注意着装，长发要塞入帽中，以免进入滚筒发生事故并造成人身伤害。

**7. 其他注意事项** 注意配套动力的功率和转速与脱粒机相匹配，严格按说明书选择。使用中要避免其他物件与机器运转部件碰触，避免超负荷作业，喂入量应保持合理、正确。不可将手臂伸进喂料口，以免造成人身伤害。

### （二）使用后的保养

**1. 及时停机** 作业完成后要及时停机，但由专业人员检查安全后操作，保证机器安全。

**2. 清理杂物** 脱粒完成后要及时清除缠绕在脱粒装置上的茎秆、杂草等，尤其是堆积于脱粒间隙或死角中的颖壳、秕谷、尘土等，并检查各部件的紧固状况。

**3. 检查钉齿等脱粒元件及滚筒轴等** 检查钉齿等脱粒元件及滚筒轴等有无裂纹、变形、磨损等情况，如果出现损坏应及时更换。

**4. 检查滚筒转动** 检查滚筒的转动状况，是否存在剧烈震动，若存在应及时修正。

**5. 检查零部件** 检查各零件是否损坏，若已损坏应及时更换零部件，选择符合说明书中规定规格的零件，以免影响脱粒机的性能。

**6. 移动** 移动电动脱粒机时，必须先关掉电源。

**7. 注重季后保养**　使用完后将传动带等卸下并单独保存，出现损坏的部件及时修理，用水清洗机器表面并待干后使用抹布抹上少量润滑油。在容易出现磨损的部位涂上防锈油，以防止长期不用而生锈。

## 四、常见故障及排除

### （一）通电后机器不转动

检查控制开关或接触器，若失灵应及时修理或更换新的，以排除故障。

### （二）滚筒堵塞

该故障主要是由于喂入量大、谷物潮湿、滚筒转速过低、脱粒间隙过小、分离机构不畅通造成的，可分别采取减小喂入量、缓期脱粒、调整转速、关闭发动机体后去除堵塞物并调大脱粒间隙、调高逐稿器的方法来排除故障。

### （三）脱粒不干净

该故障的发生主要是由于滚筒转速过低、间隙过大、喂入不合理、脱粒元件磨损、谷物潮湿引起的，在故障排除中可分别采取以下方法：调高转速，调小间隙，减小喂入量或均匀喂入谷物，修理脱粒元件，延后谷物脱粒。

### （四）谷物破碎率较高

该故障发生后可以检查滚筒转速、脱粒间隙、喂入量。转速过高引起的故障需要降低转速；间隙过小引起的故障需停机后调大脱粒间隙；喂入量过大引起的故障需降低机器转速，或者减小喂入量来调整。

### （五）含杂质率较高

该故障发生的主要原因是风量不合适或者风向未调整好，喂入量大而碎茎秆多，机器倾斜被清选的谷物分布不均匀。在进行排除时分别采取的方法为加大风量，调整气流吹出方向，减小喂入量，关机调整机器位置或调整风扇及清选筛。

### （六）出现异常声响

该故障的原因主要是脱粒装置内有堆积物，螺纹紧固件松动或脱落，滚筒不平衡而转动不平稳，在进行故障排除时分别采取停机清除堆积物、停机紧固螺母、调整滚筒平衡的方法解决。

### （七）颖糠中籽粒过多

该故障发生的主要原因是筛孔堵塞，风量过大，筛子的摆幅和频率不符合要求，喂入量大，谷物湿度大，杂草等杂物过多。在进行故障排除时所采取的方法分别是清除筛孔堆积物，调大风量，检查带轮或者链轮的半径和紧度及连杆位置，减小喂入量或调整间隙和速度，延后脱粒，清除杂草等杂物。

# 项目四　联合收获机

## 知识目标

1. 了解谷物联合收获机械的类型和特点。
2. 了解谷物联合收获机械的基本构造和工作特点。
3. 掌握常用谷物联合收获机械的维护与保养方法。
4. 掌握常用谷物联合收获机械的故障分析与排除方法。

## 技能目标

1. 能够正确判断谷物联合收获机械的类型。
2. 学会分析常用谷物联合收获机械的基本构造和工作特点。
3. 能够进行谷物联合收获机械的日常与季后保养与维护。
4. 能够分析与排除谷物联合收获机械作业中的常见故障。

### 一、类型及特点

谷物联合收割机是可以在田间一次完成谷物的收割、脱粒、分离、清选、装袋、随车卸粮等作业的机器，它直接获得清选的谷粒，并根据要求实现对茎秆的处理，生产效率高，方便快捷。谷物联合收获机根据行走的方式可分为自走式、牵引式、背负式谷物联合收获机，根据谷物脱粒和喂入方式可分为全喂入式联合收获机、半喂入式联合收获机和割前摘脱粒联合收获机 3 种形式，其特点见表 6-3。

表 6-3　谷物联合收获机械的特点

| 类　型 | | 特　点 |
|---|---|---|
| 全喂入式谷物联合收获机 | 自走式 | 割台收割谷物，将谷物全部喂入进行脱粒、分离和清选，功率消耗大，机型大，操作维修保养方便，适应性广，但是分离、清选难度大，适合小麦收割 |
| | 背负式（悬挂式） | 割台和脱粒机分别位于拖拉机前方、后方，中间的输送装置在一侧，将谷物全部喂入进行脱粒、分离和清选，成本低，可靠性高，可自行开道；但是总体配置受到拖拉机限制，变速挡不能满足收获要求，视野较自走式差 |

（续）

| 类　型 | 特　点 |
|---|---|
| 半喂入式谷物联合收获机 | 谷物茎秆由夹持输送装置夹住，仅将穗部喂入滚筒，可省去分离装置，功率消耗低，结构简化；但是生产率低，且对茎秆整齐度的要求较高 |
| 割前摘脱粒联合收获机 | 可对站立谷物的穗部直接摘下进行脱粒，该类机器省去了谷物的输送机构，可不用专门的分离装置，机构简单，功率消耗低，生产率高，适应性广，易于维修，可对潮湿、倒伏及高产密植的谷物进行收获；但是需要对茎秆二次收割，损失大 |

## 二、基本构造及工作特点

谷物联合收获机的应用广泛，可降低劳动强度。对于谷物种植面积大、收获时节降雨较多的地区，使用联合收获机抢收可不误农时和减少损失。山西太谷飞象农机制造有限公司制造的 4YZ-3 型玉米联合收割机和 4YZ-4520 型自走式玉米联合收获机如图 6-5 所示。

A　　B

图 6-5　山西太谷飞象玉米联合收割机

A. 4YZ-3 型玉米联合收割机　B. 4YZ-4520 型自走式玉米联合收获机

谷物联合收获机一般由收割台、脱粒机、输送系统、传动系统、行走系统、粮箱、集草机和操纵机构组成。全喂入稻麦联合收割机的基本结构如图 6-6 所示，包括分禾器、拨禾器、切割器、割台搅龙、前悬挂架、输送槽、后悬挂架、动力传动轴、风扇、滚筒盖板、脱离滚筒、凹板筛、排草轮、出谷搅龙、后筛、前筛、动力齿箱等。

工作原理：拨禾轮将作物拨向切割器，切割器再将谷物割下，然后拨禾轮将谷物拨倒在割台上；割台搅龙将作物推集到割台中部，并将作物送入倾斜输

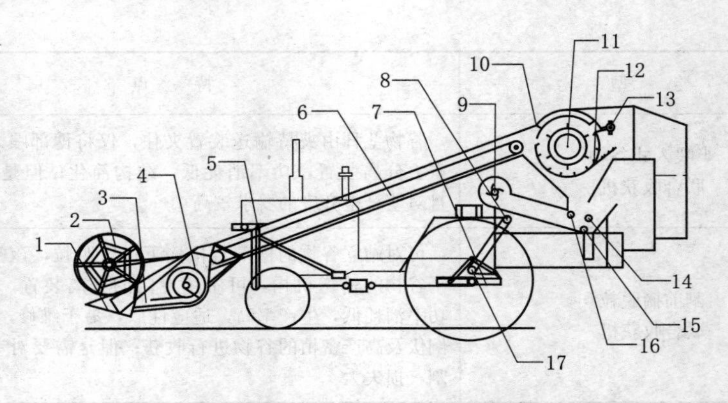


图 6-6　全喂入稻麦联合收割机

1. 分禾器　2. 拨禾器　3. 切割器　4. 割台搅龙　5. 前悬挂架　6. 输送槽　7. 后悬挂架　8. 动力传动轴　9. 风扇　10. 滚筒盖板　11. 脱离滚筒　12. 凹板筛　13. 排草轮　14. 后筛　15. 出谷搅龙　16. 前筛　17. 动力齿箱

送器，然后将谷物喂入脱粒滚筒；大部分谷粒连同颖壳杂穗落到凹板筛，在筛子的分离和风扇的作用下，谷粒落入出谷搅龙，然后被送出接粮口，轻杂物被吹出机外；茎秆沿滚筒轴向移动到出口处，在排草轮的作用下被抛出机外。目前的部分机器中还装有复脱器，未脱净的断穗经复脱器二次脱粒后再送回输送器，可实现再次清选。

工作特点：谷物联合收获机使用了现代农业生产中应用最广泛的一种新技术，可以适应谷物高产的要求，割茬高度一般在 15cm 左右，实现了损失率不超过 2%、破碎率不超过 1.5%、收获籽粒清洁干净、割茬高度越低越好的农业技术要求。谷物联合收获机对操作人员要求高，须取得该类驾驶证的人员才可操作，收割台的升降和高低主要由拖拉机上的液压升降臂来调节。机器启动前变速杆等要置于空挡位置，在进行清理、调整、检修机器时必须先停止转动，以免造成人身伤害，作业时的方向应该避免与高压线平行。卸粮时避免使用铁锹等助推籽粒，并禁止机器运转时人进入粮箱助推籽粒。该类机器在进行收割作物时，要根据作物的稀疏高矮情况调节螺旋叶片和割台底板的间隙，避免出现割台螺旋推运器打滑的现象。谷物联合收获机械由于受到的负荷较大，不要将新旧皮带放在一起使用，以免造成传动负荷不均，影响整机性能。谷物联合收获机适应性广，往往会一机收割多种谷物，因此在进行拨禾轮和滚筒转速的调整过程中要根据作物的种类和特点来选择。谷物联合收割机在工作过程中要根据田间作物的情况进行喂入量的自动调节，主要依据谷层厚度、滚筒轴的情况，通过改变前进速度、滚筒转速的方式来调节。

## 三、维护与保养

### （一）使用前的检查

联合收割机在进行作业时受到的力较复杂，零件极容易磨损、变形等，因此使用前要进行相关的检查，以保证其正常工作。

**1. 检查事项**

（1）检查固定螺栓、带轮、轴承、筛箱驱动臂等部位是否出现松动，若松动应及时进行紧固。

（2）检查护刃器和动刀片的磨损情况以及动定刀片的间隙，如果出现损坏应及时更换，以免影响正常作业。

（3）检查传动系统的状况，保证传动带（链）的张紧度符合相关的要求。

（4）检查制动系统、转动系统的灵活性和可靠性，并确定其自走行程符合相关的要求。

（5）检查液压系统油箱内油面的高度，并保证设备无漏油。

（6）检查是否存在漏粮情况，并坚决杜绝该类情况的发生。

（7）检查传动胶带、链节等易损零件的情况，保证按规定作业。

（8）检查柴油、冷却水、润滑油等状况，若不足则及时添加。

（9）检查、调整收割台、拨禾轮的转速和高度、切割间隙、搅龙与底面间隙和转速等，使各项指标符合生产要求，并检查和安装灭火器。

（10）检查行走装置，特别要保证履带的松紧程度、充气轮胎的气压符合要求。

**2. 联合收割机的试运转** 依次进行发动机的试运转、行走试运转、联合收割机组试运转、带负荷试运转。试运转完成后检查拨禾轮高度及位置、各紧固件情况、各润滑点有无发热情况、各传动带（链）张紧度、各脱净率、分离清选损失率、清洁度、破碎率等是否符合要求，确定正常后开始工作。

### （二）使用中和使用后的保养

**1. 清理**

（1）使用完成后清扫机器中的杂草、尘土、颖壳、茎秆等杂物，尤其是脱粒装置、清选装置、分离装置上的残留物。

（2）清理发动机冷却水箱、空气滤清器罩、机油滤清器芯等上面的杂物，防止堵塞，并定期放出油箱、滤清器内的水和杂质。

（3）清理带（链）轮等处的泥块、茎秆、草屑等物质，并注意防火。

**2. 检查**

（1）使用完成后进行链条的润滑并检查磨损情况，如果出现问题则及时解决，以提高机器的使用寿命。

（2）使用完成后及时检查紧固件以及容易破损的零部件的状况，如出现问题则及时处理，以免影响以后的使用。

**3. 机器工作中的保养**

（1）在机器工作的过程中，禁止硬杂物进入机内以免影响机器性能，在地面不平的位置不得高速前行，运输过程中割台升起。工作停止后，割台放落地面，变速杆等操纵机构需要放在空挡位置和中间位置。

（2）机器避免在高压线下停车、检修，出现故障需要牵引时需要挂在前桥牵引钩上，并采用3m以上的刚性牵引杆。

**4. 注重季后保养** 使用完后将传动带（链）等卸下单独保存，出现损坏的部件及时修理，用水清洗机器表面并待到干后使用抹布抹上少量润滑油。在容易出现磨损的部位涂上防锈油，以防止长期不用而生锈，对极易出现变形的零部件妥善保管。

## 四、常见故障及排除

谷物联合收割机在使用过程中由于磨损、变形、使用不当等原因的存在，容易发生故障。在故障发生前，机器往往会出现多种故障特征，使用人员要及时根据特征来判别出故障类型，找到解决办法以不影响机器的正常工作，并将危害降到最低。表6-4列出了一些常见故障以及故障发生的原因和排除方法。

**表6-4 常见故障及其排除方法**

| 故障现象 | 故障原因 | 排除方法 |
| --- | --- | --- |
| 割刀阻塞 | 遇到泥块、钢丝等硬物 | 停车清除各类硬物 |
| | 动定刀片间隙大引起的夹草 | 进行刀片间隙的调整 |
| | 护刃器或者刀片损坏 | 更换护刃器或者刀片 |
| | 割茬低，割刀壅土 | 提高割茬或清理积土 |
| 喂入不畅 | 机器行进速度偏高 | 适当降低设备前进速度 |
| | 拨禾轮拨齿位置不合理 | 调整拨齿的位置 |
| | 拨禾轮与喂入搅龙间距过大 | 拨禾轮后移 |
| 割台升降迟缓 | 安全阀密封性较差，漏油或调整不当 | 调整阀珠与阀座，使二者贴紧 |
| | 连接割台的油缸油管变形 | 修复或者更换油管 |
| | 分配阀拉孔未对正 | 调整分配阀杆轴向和径向的位置，使其对正 |

（续）

| 故障现象 | 故障原因 | 排除方法 |
|---|---|---|
| 割台升降迟缓 | 分配阀磨损 | 转动分配阀手柄 |
| | 齿轮泵壳体内腔磨损 | 更换密封圈或齿轮泵 |
| | 油温过高 | 更换标准的液压油 |
| 打落籽粒多 | 拨禾轮转速过大 | 适当降低拨禾轮转速 |
| | 拨禾轮偏前或偏高 | 拨禾轮位置降低并后移 |
| 喂入部位响声异常 | 作业状态不适合该谷物条件 | 调整合适作业状态 |
| | 脱粒转速低 | 调整脱粒转速至规定值 |
| | 皮带打滑 | 紧固或更换传动链轮、链条 |
| | 发动机故障 | 排除发动机故障 |
| 分离装置抛出的茎秆中含有籽粒或未脱净的穗头 | 滚筒转速过低 | 提高滚筒转速 |
| | 滚筒间隙过大 | 减小滚筒间隙 |
| | 挡帘位置不合适 | 适当调整挡帘的位置 |
| | 喂入不合理 | 降低机器前进速度或适当喂入 |
| 启动故障 | 不能启动 | 用万用表检测启动电机接线柱间有无电压，若无则有故障，应及时修理或更换，反之则无故障 |
| | 启动无力，主要是由蓄电池极柱接触不良或电力不足造成的 | 闭合灯系或喇叭开关，若灯亮度、喇叭响声正常则电力充足，此时故障为接触不良，进行修理 |
| 挂挡困难 | 离合器分离不清 | 调小离合器间隙 |
| | 小制动器间隙太大 | 调小制动器间隙 |
| | 齿轮端面打毛 | 修正齿轮端面 |
| 传动系统响声异常 | 轮边减速半轴窜动 | 更换轴承 |
| | 轴承缺润滑油或损坏 | 加注符合规定的润滑油 |
| | 螺栓等紧固件松动 | 紧固螺栓等紧固件 |
| 变速器变速范围小 | 变速器油缸无法完成定位 | 避免液压系统的泄漏 |
| | 变速器油缸行程小 | 更换变速器油缸 |
| | 动盘卡止 | 进行动盘润滑 |
| | 行走装置打滑 | 维修行走装置 |
| 不能输送谷物或突然停止作业 | 割刀或输送部分有石头等硬物 | 检查割刀和输送部分，清除硬物 |
| | 割台传动皮带（链）松动打滑 | 维修或更换传动皮带（链） |
| | 收割高度不适合 | 掌握正确收割高度 |

（续）

| 故障现象 | 故障原因 | 排除方法 |
| --- | --- | --- |
| 转向沉重或者不灵 | 油泵供油不足 | 适当调整油阀传动系统紧度 |
| | 转向系统油路有空气 | 维修油阀避免漏油 |
| | 单稳阀的安全阀弹簧工作压力不足 | 调整溢流阀的工作压力 |
| | 转向器拔销变形 | 更换拔销 |
| | 转向器弹簧片失效 | 更换弹簧片 |
| | 联动轴开口变形 | 修理联动轴 |
| | 转向轴脱出阀槽 | 在转向轴上端加限位垫 |
| 制动不灵 | 踏板自由行程大 | 调小踏板自由行程 |
| | 摩擦片严重磨损或有油污 | 更换摩擦片，清除油污 |
| 制动器发热 | 制动器调整不合适 | 将制动器间隙调大 |
| | 回位弹簧弹力不足 | 将回位弹簧更换 |
| | 外壳有油污 | 清除外壳油污 |

# 单元七 谷物清选机械

## 项目一 概 述

### 知识目标

1. 了解谷物收获之后进行清选的目的、原理及清选机类型。
2. 了解谷物清选机的大致结构。

### 技能目标

1. 正确理解谷物清选的意义。
2. 正确使用谷物清选机

农业机械化是现代农业发展的中心环节，它配合农业的生产与加工作业。只有不断地学习、改进、提高农业机械技能，才能更好地实现农业机械化。

收获后的谷粒通常混有机械损伤、破碎和不成熟的谷粒，此外还包含许多异物和杂质，如草籽、泥沙、颖壳等。因此，无论将谷物留作种子还是其他用途，均需对其进行清选、优选。

收获后的谷粒经过清选以后，质量和清洁度提高，尺寸均匀，有利于运输、贮藏和后续加工。精选后的种子均匀饱满，播种后发芽率高、长势好，可以提高种植的产量，还可以减少播种量而节约种子。清选谷物清除掉种子中大部分的病虫害籽粒和其中包含的草籽，种植后减少了田间感染和杂草量，并且谷物生长整齐，成熟一致，有利于机械化作业。

## 一、谷物清选原理和清选装置

### （一）筛选

筛选的原理是根据谷粒和混杂物尺寸的差异，利用一层或数层静止或运动的筛面对物料进行筛选。

**1. 筛子的选择** 筛子可以分为平面筛、圆筒筛和圆锥筛等几种，其中平面筛应用最广。根据振动方向，平面筛又可分为横向振动筛和纵向振动筛。谷物清选机最长用的是圆孔和长方孔冲孔平面筛。圆孔筛只有一个量度，即筛孔直径，凡粒子宽度大于圆孔直径者均不能通过，如图 7-1 所示。籽粒长度尺寸虽大，但只要宽度小于筛孔直径的籽粒，竖立起来时仍能通过筛孔。为了使籽粒能竖立通过筛孔，要求筛子有一定的振动方向和频率。

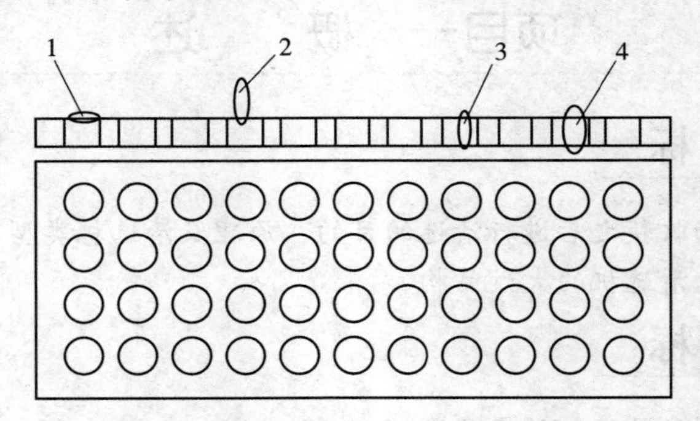


图 7-1 用圆孔筛清选谷物

1、2. 谷粒宽度大于筛孔直径（不能通过筛孔）

3、4. 谷粒宽度小于筛孔直径（能通过筛孔）

长孔筛的筛孔有长度和宽度两个量度，一般筛孔长度大于谷粒长度，故限制因素只有长孔的宽度方可起到筛选的作用。凡谷粒的厚度大于筛孔宽度的均不能通过筛孔，如图 7-2 所示。长孔筛不是按谷粒长度和宽度分选，因为任何厚度小于孔宽的谷粒竖立起来都可以通过筛孔。

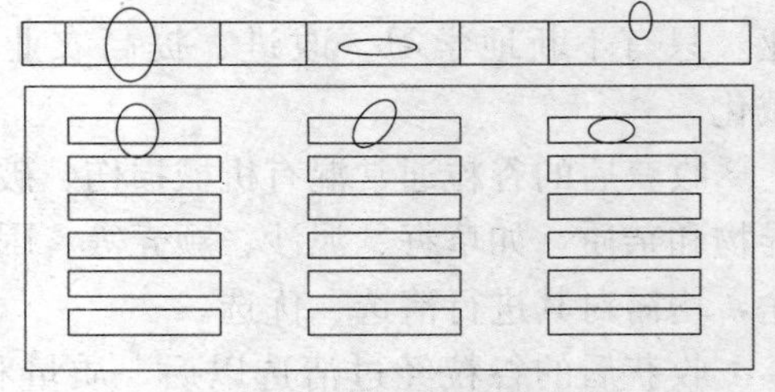

图 7-2 用长孔筛清选谷物

冲孔筛的孔尺寸准确，分离精度高。但筛孔相对筛面的有效面积较小，不适用于负荷较大的分离筛。

为了提高筛子的分离效果，必须使被筛物有尽可能多的机会通过筛孔。这就与被筛物相对筛面的运动速度、路线长度和被筛物层的厚度，以及分布均匀性有关。运动路线长则接触筛孔的机会多；被筛物层过厚或不均匀，上层物料就难以得到通过筛孔的机会，因而影响筛子的分离完全度。

**2. 筛孔在清选机上的配置**　在清选机上常常装有不少于 3 个孔型和孔径各不同的筛子。有些清选机上装有更多的筛子。一般情况下，一组筛子用来分离大的混杂物，一组筛子用来分离小的混杂物，还有一组筛子用于对主要作物的种子进行分类或匀布载荷。

**3. 清选装置**　筛子在工作时，其筛孔常常被籽粒堵塞而降低分离效果。为了能及时清理堵塞的筛孔，在清选机下方常装有各种形式的清筛装置。其主要类型有架刷式（图 7-3）、橡胶球式（图 7-4）和打击式（主要用于冲孔筛，曲柄连杆机构使摆杆前后摆动，带动打杆以其端部打击筛子）。

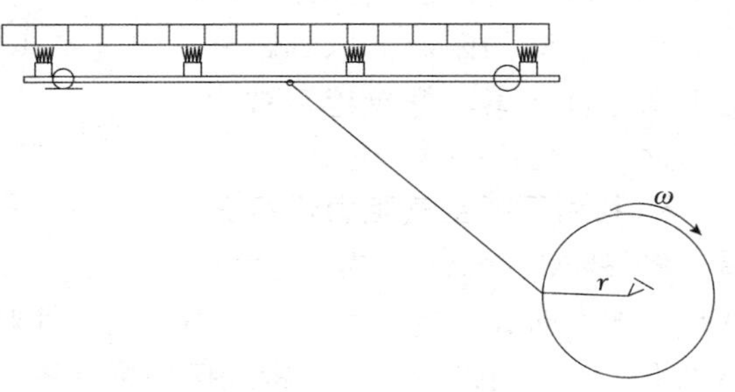


图 7-3　架刷式清筛装置

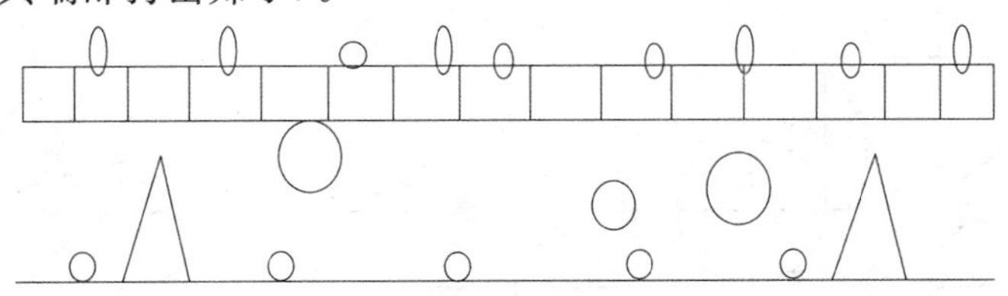

图 7-4　橡胶球式清筛装置

架刷式的结构由刷子、支架和滚子等组成，用曲柄连杆机构驱动。为了能使全部筛面得到清理，架刷的摆幅 $2r$ 应大于相邻刷子之间的距离。

橡胶球式清筛机构在筛子下方的空间分隔成边长为 160mm 左右的小方格，每个格内放 3～5 个直径约 25mm 的橡胶球。筛子振动时球跳起打击筛底，从而将籽粒从筛孔中清理出来。

### （二）气流清选

气流清选系统可以是风筛式清选机的一部分，也可以是一个独立的机器。它的任务是从谷粒混合物中分离轻杂物、碎粒等。常用的有以下方法。

**1. 利用垂直气流清选**　谷物清选机的垂直气流清选系统包括喂料系统、垂直气道、风机和沉降室等。

工作时谷粒混合物被喂料滚送至垂直吸气道下部的网面上，由于受到气流的作用，悬浮速度低于气流速度的轻杂质被吸向上方，当吸至断面较大的部位时，由于气流速度降低，一部分籽粒和混杂物开始落入沉降室，被搅龙输送到机外，最轻的部分杂质被吹出。

**2. 利用倾斜气流进行清选**

如图 7-5 所示，利用谷物和夹杂物在气流中的不同运动轨迹来进行清选。被吹物体以其漂浮特性被风吹至不同的距离，以其距离远近来进行分离，籽粒越轻被吹送越远，它可以一次分成多级。

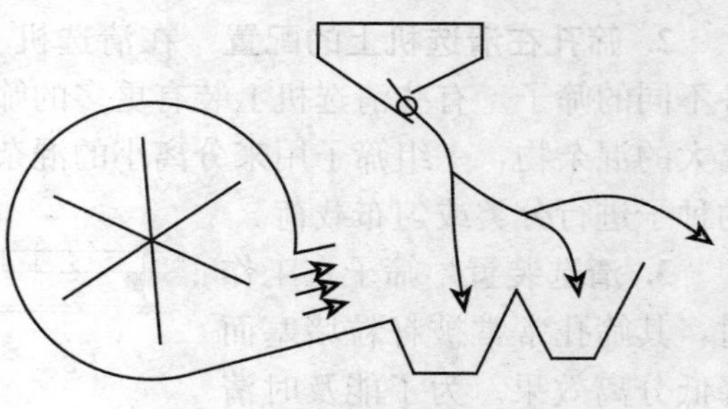

图 7-5　倾斜气流清选装置

**3. 利用不同空气阻力进行分离**　将谷粒混合物以一定的速度并与水平方向成一定角度抛向空中，依空气对各种物料阻力的不同，其抛掷距离也不同，从而进行分离。带式扬场机（图 7-6）就是利用这种原理。扬场机抛掷部分的胶带与水平倾斜 30°～50°。胶带线速度一般为 15～23m/s，饱满籽粒的抛出距离可达 10m，较轻的籽粒和杂物则落在 6m 之内。

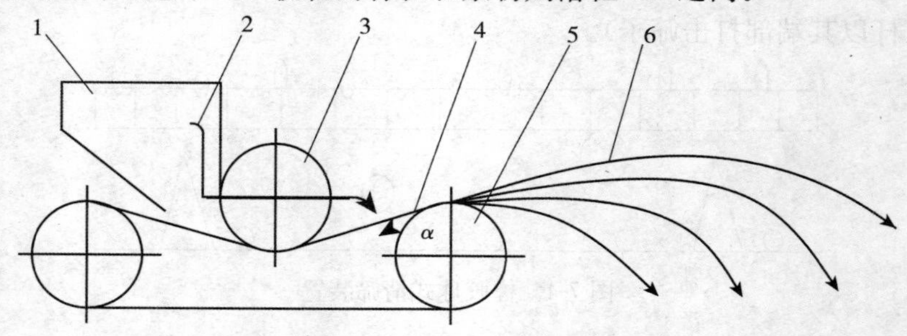


图 7-6　带式扬场机

1. 粮斗　2. 调节插板　3. 压辊　4. 胶带　5. 扬场辊　6. 抛出线

## （三）窝眼筒分选

窝眼筒是按籽粒长度进行分选的，其工作部件有窝眼筒、窝眼盘、窝眼轮等。窝眼筒在金属板上压成多数口径一致的圆窝，将混合物平铺其上，稍加振动较小谷粒即落入窝眼，大者留在窝外；如将金属板倾斜至一定角度时，则长谷粒可由板上滑下，再将板移至他处反转，则短谷粒亦被倾出，如图 7-7 所示。利用这种方法，如将板弯成圆筒形，使窝在内侧，中间置承种槽和推运器。

工作时，将谷粒混合物装入窝眼筒，使窝眼筒回转，长度小的谷粒或杂物即进入窝内并随窝上升，到相当高度后落入短料槽，被推运器运走。长度大的

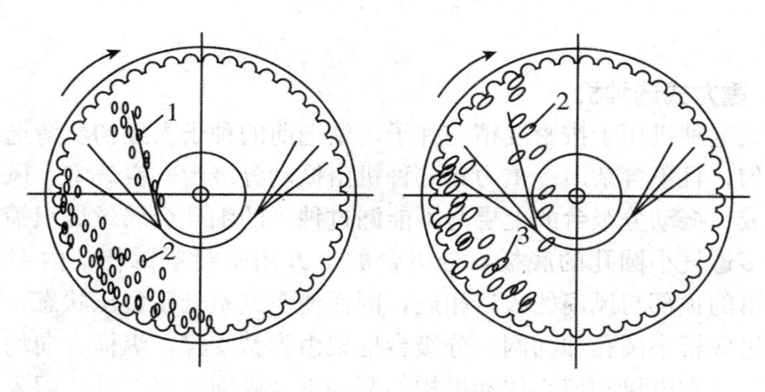


图 7-7 窝眼筒按长度分选

1. 长度小的谷粒或杂物 2. 正常谷粒 3. 长度大的谷粒或杂物

谷粒或杂物完全横在窝外，即使部分进入窝眼，当窝眼上转较高时即滑下，然后再重复上述动作并沿窝眼筒轴线方向逐步移动，在最后由窝眼筒的低端流出。短料槽边缘位置可以调整，以便长短物料完全分离。槽缘位置越高，长谷粒进入短料槽的可能性越小。窝眼直径大小应按所要分离的混合物长短尺寸来确定。提高分离能力的关键在于增加物料接触窝眼的机会。除与筒壁有相对移动外，需增大物料活动范围，提高生产效率。

## 二、清选机的分类

### （一）旋轮式气流清种机

旋轮式气流清种机用于稻麦种子的初清选，其主要部分为顶端或上侧边装有风扇，下方设有带排料口的锥筒。当风扇由电动机驱动旋转时，气流从排料口向上抽吸，驱动锥筒内的叶轮旋转，混有杂质的种子由喂入斗落到叶轮上，在离心力的作用下被连续均匀地以薄层甩向靠近锥筒内壁的环形气道中，轻杂质向上漂浮，经风扇排出，重籽粒则下落至排料口排出。锥筒底部直径为0.4m，驱动风扇的电机功率为0.64kW，每小时可清选种子3～4t，清洁度达99％以上。

### （二）复式种子精选机

复式种子精选机采用多种清选部件，能一次完成清种和选种作业，以获得满足播种要求的种子。常用的复式种子精选机具有气流清选、筛选和窝眼筒3种清选部件。物料喂入后，经前、后吸风道两次气流清选，清除轻杂质和瘪弱、虫蛀的籽粒，又用前、后数片平筛和窝眼筒分别按长、宽、厚3种尺寸去掉其余杂质和过大、过小的籽粒。改变吸风道的气流速度，更换不同筛孔尺寸的平筛筛片或调节窝眼筒内收集槽的承接高度，可以适应不同的种子和不同的选种要求。

### （三）重力式选种机

重力式选种机用于按密度精选种子。精选前的种子需经初步清选，籽粒尺寸比较均匀，且不含杂质。重力式选种机由振动分级台、空气室、风扇和驱动机构等组成。振动分级台的上层是不能漏过种子的细孔金属丝编织筛网，下层是带有许多透气小圆孔的底板，分级台的上方用密封罩罩住，内部形成空气室，密封罩的顶部与风扇的入口相通，因而使空气室处于负压状态，气流可自下而上穿过底板小圆孔和筛网。分级台框架由弹簧支撑，纵横方向均与水平面成一倾角，并在电机和偏心传动机构的驱动下做纵向往复振动。喂入的待选种子积聚在分级台筛网上，在上升气流和振动的综合作用下，按密度大小自行分层，密度最大的种子位于最下层，直接触及筛网，因而在筛网的振动下被纵向推往高处；密度小的种子处于上层，不直接受筛网振动的影响，因而在重力的作用下向低处滑动；所有种子同时又沿筛面横向向下滑动，分别落入相应的排料口。根据作物品种与精选要求的不同，喂入量、台面振幅和纵横向倾角、气流压力等均可调节。常用的分级台振幅为 8～12mm，频率为 300～500 次/min，台面横向倾角为 0°～13°，纵向倾角为 0°～12°，筛网孔径为 0.3～0.5mm。当台面种子层厚度为 50mm 时，气流压力为 1.32kPa。如振幅减小，要求频率相应地增加。此外，尚有一种正压吹风式选种机，风机出风口正对分级台筛网下方。

### （四）旋轮式气流电磁选种机

在电磁场作用下按种子表面粗糙度的不同精选种子。其主要工作部件是种子磁粉搅拌器和电磁滚筒。种子、磁铁粉和适量的水一起在搅拌器中搅拌后喂向旋转的电磁滚筒，滚筒内装有固定不动的半圆瓦状磁块。表面光滑因而不黏附磁粉的种子随即在滚筒的一侧滚落，粗糙籽粒的表面则粘有磁粉，在磁块的作用下被吸附在滚筒表面，随滚筒旋转到无磁区才落下。种子表面越粗糙，附着的磁粉越多，因而吸附力越大，被带动的距离也越远。常用电磁滚筒直径 400～500mm，长 500～750mm，转速为 30～45r/min，生产率可达 200～500kg/h。

# 项目二　5XZ-1.3A 型复式清选机

## 知识目标

1. 了解 5XZ-1.3A 型复式清选机的工作原理。

2. 了解5XZ-1.3A型复式清选机的工作流程。

## 技能目标

1. 学会分析5XZ-1.3A型复式清选机的工作原理、流程。
2. 正确进行5XZ-1.3A型清选机的维护和修理。

### 一、工作原理

5XZ-1.3A型复式清选机是我国生产量最大的复式清选机，主要用于清选种子。其清选原理是经脱粒装置脱下的和经分离装置分离出的短脱出物中混有断、碎茎秆，颖壳和灰尘等细小夹杂物。清粮装置的功用就是将混合物中的籽粒分离出来，将其他混杂物排出机外，以得到清洁的籽粒。

### 二、工作流程

5XZ-1.3A型复式清选机（图7-8）被清选的物料从料斗1进入前吸风道2，重杂从重杂物出口23排出，包括种子在内的其他物质随气流上升，而尘埃等最轻杂质经风机6排出，稍重的清杂落入第一沉降室，种子等落在上筛3上，其中大杂沿筛面滑向夹杂物出口22排出，种子等穿越筛孔落向下筛10，小杂穿过筛孔从小杂口21排出，其他杂物随种子沿筛面下滑，在越过尾筛11时，后吸风道9吸走其中的轻杂，这些轻杂经第二沉降室排出后，与第一沉降室出来的轻杂一起，从轻杂口20排出。精选出的好种子从出口19进行收集。

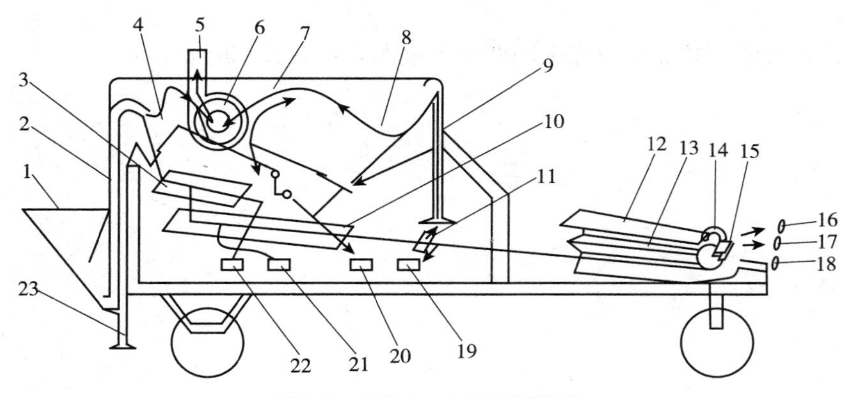


图7-8 5XZ-1.3A复式清选机

1. 料斗 2. 前吸风道 3. 上筛 4. 种子沉降室 5. 出风口 6. 风机 7. 第一沉降室 8. 第二沉降室 9. 后吸风道 10. 下筛 11. 尾筛 12. 窝眼筒 13. 短料槽 14. 叶轮 15. 排种槽 16、17、19. 种子出口 18. 短种子及杂物出口 20、21、22. 夹杂物出口 23. 重杂物出口

如果种子中还夹有长杂和短杂时，就应把种子引入窝眼筒进行排除。最后好种子从窝眼筒（去短杂时）或短料口（去长杂时）中排出。

## 三、维护与保养说明

### （一）常规检查与保养

（1）速度指示器和相应的安全装置应进行常规测试，至少一周一次。

（2）为避免轴和轴承的运转发热，也应进行常规性检查，至少一周一次，并有规律地进行润滑。

（3）要经常性地清除灰尘、污物和物料残留物，增加清选机运行时的可靠性和安全性。

### （二）电器设备

电器设备及元件必须进行常规性检查和测试。特别注意以下要点：

（1）老化及过期的电线和热继电器不允许使用。

（2）有故障的设备和元件必须立即修理或替换。

（3）为保证电线的散热，坚决避免紧固松散在地面上的电线。

（4）下班时，装置的电路应尽可能从总开关开始进行彻底切断。

（5）至少一年一次，整个电器设备应由授权的电器工程师根据动力线路规则来检查绝缘损坏情况。

另外，在使用变频器时应注意其开启、关闭的顺序：

（1）开启变频器时应先打开总电源，然后再开变频器，使其控制的电机运行。

（2）关闭变频器时应先关闭变频器电源，然后关总电源。

# 单元八 谷物干燥机械

## 项目一 概 述

### 知识目标

1. 了解谷物干燥机械的意义。
2. 了解谷物干燥机械的分类。
3. 了解国内外谷物干燥机械的发展方向。

### 技能目标

1. 正确判断各干燥机所属类别并熟悉其优缺点。
2. 能够选取符合本地条件的干燥机。

### 一、谷物干燥的意义

谷物干燥是谷物收获后的一个重要环节。谷物收获时为了减少田间落粒损失都注意适时收获，而适时收获的谷物其水分较大，谷物中多余的水分使其不易保存，容易糜烂。这是由于谷物成熟后所含水分一般高于可以安全长期贮藏的水分，即所谓安全水分。为了让谷物更易保存，人们往往通过自然或人工的方法对其进行干燥。一直以来，我国广大农村都通过晾晒的方式进行谷物干燥，但是由于阴雨天气的影响，导致许多谷物无法及时晾晒，我国每年因粮食糜烂而遭受的损失多达500万～1 000万t，占全年谷物产量的1.5%～3%，南方的一些省份如江苏、浙江、安徽等每年因干燥不及时而受到的损失更占到了全年谷物产量的10%，因此脱胎于传统干燥方式却又不再受限于自然条件的谷物干燥机符合绝大部分农民的利益。

目前谷物干燥机主要作用对象是水稻和小麦，其中南方省份干燥的主要对象是水稻，北方省份的主要干燥对象是小麦。由于北方省份冬季气温普遍较低，所以北方省份除了考虑一般谷物干燥外，还要考虑种子的冬季贮藏问题。因为水分较大的种子在冬季会遭到冻害，降低种子发芽率，这就要求北方省份在气温降低到－5℃之前，必须将种子干燥至安全水分，以保证种子的正常发芽。谷物干燥机是由煤炉、电动机、轴流风机和堆放架等主要部件组成，其工作过程是一个复杂的传热传质过程，同时伴随着谷物本身的生物化学品质的变化。在干燥过程中，不仅要除去多余的水分，达到安全贮藏的标准水分，而且还要保持谷物的品质尽量保持原有水平。

## 二、国内外谷物干燥技术发展概况

### （一）国内概况

20 世纪 50 年代初，从苏联引进的高温干燥机械拉开了发展我国谷物干燥技术的帷幕。我国研究人员通过参考该机的结构和工作原理，自行设计出了大型高温干燥塔，并将其逐步应用于北方的粮食系统中。20 世纪 60～70 年代，我国的谷物干燥技术取得了巨大的进步，全国各地设计出了多种中、小型谷物干燥机，由指定的干燥机厂进行生产，并逐步推广到全国。70～80 年代，我国又自主设计研发了几种大、中型谷物干燥机，这些机器大量应用于粮食系统和国有农场中。我国各类谷物干燥机的拥有量近两万台，其中中、小型干燥机占到了绝大部分，大型干燥机约两千台。

目前我国谷物干燥机的热源主要为燃煤，少数谷物干燥机采用柴油作为热源。这两类热源各有优缺点，使用燃煤热风炉供热，以热风为介质进行干燥，对粮食无污染；采用柴油炉供热直接干燥，热效率较高，但对粮食有一定程度的污染。

近年来我国谷物干燥技术发展较快，高等院校和研究部门所研究的新型干燥工艺逐步应用于生产，干燥机生产厂的新产品不断增加，产量在逐步扩大，电子计算机模拟分析也开始应用。

### （二）国外情况

国外发达国家如美、俄、英、法、日等，其谷物干燥技术的开发已有 50 多年的历史，大体上经历了 20 世纪 50～60 年代、60～70 年代、70～80 年代 3 个阶段，其中 50～60 年代为机械化阶段，60～70 年代为自动化阶段，70～80 年代为提高干燥质量和降低干燥成本阶段。90 年代主要是继续提高干燥质量、实现微机控制和微机管理阶段。但各国的现实情况也有所不同。

**1. 美国** 谷物干燥机在美国的应用较为普遍，主要的机型有中、小型低温干燥仓及大、中型高温干燥机。在美国，干燥机的主要干燥对象是玉米和小麦，这些干燥机大部分以柴油和液化石油气为热源，采用直接加热干燥。设备中一般具有料位控制、风温控制及出粮水分控制系统。太阳能干燥机在美国开始应用，但由于设备投资大和占地面积大等，目前应用不多。

**2. 俄罗斯**　在俄罗斯，谷物干燥技术发展较快，形成了工厂化生产，有着较完善的自控系统。俄罗斯拥有的谷物干燥机型以大、中型居多，多采用高温干燥方式，较普遍地应用干、湿粮混合加热干燥工艺（又称分流循环干燥工艺），具有一次降水幅度大、节能和提高干燥质量的优点。干燥中采用的热源是柴油和煤油，为直接加热干燥。

**3. 日本**　谷物干燥设备发展时间略晚于美国和俄罗斯，是在第二次世界大战之后才发展起来的，日本拥有的干燥设备多为适合干燥水稻的中、小型设备。机型有小型固定床式谷物干燥机、中小型循环式谷物干燥机及大型谷物干燥机等。采用的热源是柴油和煤油，少量采用稻壳。在各干燥设备中大都装有较完善的自动控制系统，比较重视干燥质量。

## 三、干燥机的分类

目前的谷物干燥机主要以热风、各种可见或不可见光波为干燥介质。可以通过换热方式及作业方法的不同对其进行分类：

### （一）对流换热式谷物干燥机

对流换热式谷物干燥机以热空气为干燥介质对谷物进行干燥。因其干燥介质温度的不同，该类型干燥机又可分为高温干燥机和低温干燥机。

**1. 高温干燥机**　高温干燥机的介质温度通常为80～300℃，其特点为干燥速度较快（小时降水率为2.5%左右），又称高温、快速干燥机。

**2. 低温干燥机**　低温干燥机以常温或比常温高2～8℃的热空气为介质对谷物进行通风干燥。为批量干燥作业，每批干燥的时间较长，为1～12d，小时降水率为0.5%左右。该机具有耗能少和干燥质量好的优点，但占地面积较大，受大气状态的影响也较大，有时因空气湿度大而干燥时间拖长使谷物霉烂。该机适于要求降水幅度小和气候干燥的地区。

**3. 高低温组合干燥设备**　考虑到高温干燥机和低温干燥机在某些方面有着各自的优势，国外生产出了一种高低温组合干燥设备。该种干燥设备在谷物内含有较高水分时，通过高温干燥将谷物内的水分迅速降低，然后转入低温状态，在低温状态下将其彻底干燥。这样既达到了快速干燥的目的，同时又改善了高温干燥机能耗大的不足。该设备在美国应用较多，但由于其需要较大投入，我国尚不具备大规模使用的条件。

### (二) 辐射式干燥机

辐射式干燥机是一种通过光波传递能量、使谷物升温干燥的设备。这种干燥机有太阳能干燥机、远红外干燥机、微波干燥机及高频干燥机。

**1. 太阳能干燥机** 太阳能干燥机是一种利用太阳辐射的热量进行干燥的设备。该机的原理是利用太阳能集热器将太阳辐射的热量转换给空气，并将其引入低温干燥机对谷物进行干燥。太阳能干燥机具有节能、成本低和干燥质量好等优点，但其设备投资较大，占地面积也较大，因此目前虽在美国已开始应用但数量不多，扩展的速度也不快。

**2. 远红外干燥机** 远红外干燥机是一种利用远红外不可见光波，使水分子剧烈振动而升温，从而达到干燥目的的设备。该机具有干燥速度快、干燥质量好的优点，但由于成本较高，目前的应用并不广泛，主要应用在一些价值较高的产品上。

**3. 高频与微波干燥机** 由于其成本较高，目前在农业物料这一领域的应用较少，主要应用于工业产品和食品干燥中。

# 项目二 谷物干燥的机理

## 知识目标

1. 掌握谷物干燥的原理。
2. 熟悉谷物干燥的过程。
3. 了解影响干燥速度的因素。

## 技能目标

1. 准确评价一台谷物干燥设备。
2. 使用时减少影响干燥速度的因素。

### 一、谷物干燥的一般原理

谷物是多孔性胶质体，水分以不同结合形式存在于谷粒表面、毛细管中及细胞内。当介质参数使它具有发散条件，即介质水蒸气分压力小于谷粒表面水蒸气压力时，则谷粒中的水分以液态或者汽态由谷粒里层向外层扩散，并由表面蒸发。最为理想的干燥过程是谷粒内部的水分扩散速度与表面的蒸发速度相等，但通常情况下，由于选择干燥参数的不当及谷物本身特性所限，两种速度完全相等的情况很少出现，常出现的是两种速度不等，即外控状态及内控状态。

外控状态：指谷粒表面水分蒸发慢于谷粒内部的水分扩散，这一状态往往会在谷粒细小或谷物水分含量大时出现。为了提高谷物干燥速度，可适当提高介质温度，降低介质相对湿度或增加介质流速。

内控状态：指谷物内部扩散慢于表面蒸发。在这种情况下，有两种措施可以有效提高干燥速度：

（1）调整介质状态参数。在提高介质温度的同时降低介质流速。介质温度提高，谷物温度也升高，谷温升高则使其水的黏滞性下降，内部水蒸气分压力增加，会增加内部扩散的速度。因其介质流速减小，则其蒸发速度下降或保持不变，以达到两种速度一致。或者提高介质温度的同时增加介质相对湿度，这样也能调整两者速度关系。如西德库磁巴赫教授所做的干燥玉米试验，发现适当增加介质的相对湿度（由 20%增至 60%）会增大干燥速度，这就说明了这个问题。

（2）调整干燥工艺。在一次干燥后采取较长时间的“缓苏”，即对热谷物进行“保温堆放”措施。这种缓苏过程可使谷粒表面的热量向内部传递，而内部的水分向外部扩散，经过 40min～4h 的缓苏，谷物的温度和水分达到内外平衡，在二次干燥或冷却时，均能有效提高干燥速度。这种缓苏还可以防止谷粒干燥中爆腰率增加。

所谓谷物干燥，就是将谷物中的水分含量降低或去除。为了达到这一目的，将为谷物中水分不断向外表面扩散和表面水分不断蒸发创造条件的过程称为谷物干燥过程。谷物干燥的实质就是通过人工方法来降低谷粒周围空气的相对湿度，改变或创造使其能放出水汽的外部环境条件（在改变环境条件的干燥方法中，均用流动气体作为介质来带走水汽和传递热量）。

## 二、谷物干燥的过程

谷物干燥过程中，谷物的受热温度不能超过某一限定温度，如果温度过高，必使谷物的品质产生热变性，从而降低其使用价值。为解决这一问题，不少学者通过试验研究，探索出了各种谷物的允许受热温度。苏联学者普季秦研究出的谷物允许最高受热温度公式反映了谷物允许受热温度与原始含水量和受热时间的关系，他认为谷物原始水分高和受热时间长时，谷物的允许受热温度应降低。

将谷物中的含水量降低到适宜贮存的水分，需要经过一定的时间，时间的长短受许多因素影响，若应用低温气体做干燥介质，所需的干燥时间较长，干燥效率较低，因此当前的干燥机械，其干燥介质多采用加温气体，以缩短干燥时间，提高工效。

谷物干燥过程分为预热、等速干燥、减速干燥、缓苏及冷却五个阶段。各阶段的过程如下：

**1. 谷物预热** 在这个阶段，气体传递的热量主要用来使谷物升温，谷物中水分减少量不明显，但干燥速度由零迅速增大。

**2. 等速干燥** 谷物温度升至一定温度后，谷物水分由里向外扩散的速度较大，干燥速度较快且其速度维持稳定不变，谷物保持在湿球温度，谷物水分直线下降。一段时间之后，谷物温度上升到允许的最高温度，含水量下降，速度逐渐变缓。

**3. 减速干燥** 在这一阶段，谷物中的水分已较等速干燥阶段显著减少，其内部扩散慢于表面蒸发，因而干燥速度逐渐变缓，谷物温度逐渐上升，谷物水分曲线下降。

**4. 谷物缓苏** 在谷物经过高温快速干燥后，出于降低内外温差，需缓慢由内向外移动。在这一过程中，谷物表面温度有所下降，水分少许降低，干燥速度变化很小。

**5. 冷却** 将谷物温度降至常温。冷却阶段谷物水分基本不变。

冷却阶段要求谷物温度下降到不高于环境温度5℃，在冷却过程中谷物水分保持不变，降水幅度为0～5%。

## 三、影响干燥速度的因素

谷物干燥速度除了与干燥工艺和干燥参数有关以外，谷物的种类、状态及原始水分大小也会对谷物干燥产生影响。概括起来有以下各因素，见表8-1。

### （一）谷物种类、状态和水分

谷物种类的不同，必然导致谷物的化学成分、组织结构的不同，因而不同种类的谷物在同样介质状态下所表现出的内部扩散速度与外部蒸发速度的关系也不同。一般情况下，如果谷物含脂肪成分少，含淀粉成分多，谷粒较小，结构较松弛，含水量较大，那么，谷物内部的扩散速度较大。在外部蒸发速度高时，其干燥速度较大；反之，若含淀粉少、含脂肪多、谷粒较大、结构较紧密、原始水分小的谷物，其内部扩散速度小，即使外界蒸发速度快也难以增大干燥速度。此外，一次降水幅度也因种类的不同而有所不同，小麦、玉米等禾本科谷物一次降水幅度较高，可达5%～6%；而大豆、水稻等一次降水幅度较低，一般为1%～3%。

表 8-1　几种谷物组织成分（质量分数，%）

| 种类＼成分 | 水 | 蛋白质 | 淀粉 | 纤维素 | 脂肪 | 其他 |
|---|---|---|---|---|---|---|
| 小麦 | 14 | 12～13.8 | 66.2～68.7 | 2～2.1 | 1.7～3.8 | 1.6～1.7 |
| 玉米 | 14 | 10 | 67.9 | 2.2 | 4.6 | 1.3 |
| 水稻 | 13 | 6.8 | 64.6 | 10.4 | 2.2 | 3.0 |
| 大豆 | 14 | 34 | 24.6 | 4.5 | 18.4 | 4.5 |

### （二）介质状态参数

热介质状态参数包括相对湿度和流速、热介质温度。在相对湿度小、介质温度高和流量大的情况下，谷物干燥速度会加快，影响最为显著的因素是介质温度，其对干燥速度产生的影响比介质流量要大得多，因为介质温度提高时其相对湿度同时减小，而且减少得很快。每提高 1℃介质温度，其相对湿度可减少 4.5%，若把介质温度提高 11.5℃，则相对湿度可减少 50%，两者相辅相成，对提高干速度有显著的作用。但在提高介质温度时，要注意使谷粒内部水分扩散速度与其表面蒸发速度相一致。

### （三）谷物与介质的接触状态

现有对流换热式谷物干燥机，其热介质与谷物接触状态有以下几种：介质平行于谷层表面流动，介质穿过静止的谷层，介质穿过流动的谷层，介质穿过谷层并使谷物处于半悬浮的“流化状态”或“沸腾状态”，介质带动谷物流动。这 5 种方式中，由于介质与谷物接触方式的不同，其干燥速率有很大差别。

**1. 介质平行于谷层表面流动**　由于热介质与谷物接触的面积很小，谷层内部的大量水分难以得到蒸发，所以这种干燥方式效果较差。

**2. 介质穿过静止的谷层**　由于热介质只能从谷粒间的缝隙中通过，故热介质与谷物接触表面积有一定限度；加之这种干燥的气流阻力较大，风速较低，一般为 0.1～0.5m/s，因而干燥速度较慢，其降水速率较小，为 0.5%/h 左右。这种方式较上者更佳。

**3. 介质穿过谷层并使谷物流态化**　这种干燥方法的优点是介质流速较高，为 1～2m/s，谷物在干燥中处于半悬浮状态，因而介质可与谷粒表面全面接触。其降水速率较大，为每小时 30%～40%。这种干燥方法的缺点在于只能短时间加热，故其单次降水幅度并不大，仅为 1%～2%。

**4. 介质穿过流动中的谷层**　由于流动，谷层中孔隙度有所加大，介质流速增加，导致其干燥速度较高，降水速率为每小时 2%～5%。

**5. 介质带动谷物流动**　谷物在输送过程中由热介质对谷物进行加热。由于介质的流速较高，与谷粒接触面积较大，这种方式的干燥速率较高，为每小时40%

以上。但该机的输送过程和干燥时间较短，其每次降水幅度并不大，为1%～2%。

## 四、谷物干燥机的性能指标

（1）干燥能力。在1h内，经过一次干燥过程，按降低1%水分计算干燥机对原粮的处理量。

（2）小时水分蒸发量。连续式干燥机每小时蒸发的水分量。

（3）单位耗热量。从粮食中蒸发1kg水所消耗的热量。

（4）干燥强度。干燥机烘干段单位容积或面积的小时水分蒸发量，称干燥强度。塔式、柱式、回转、圆筒干燥机采用容积干燥强度。

# 项目三　常用干燥机械及使用与维护

## 知识目标

1. 掌握各种常用干燥机械的基本结构。
2. 掌握各种干燥机械的工作方式及特点。
3. 掌握常见维护方法。

## 技能目标

1. 能够选取符合本地条件的干燥机械。
2. 能够对干燥机械进行改进。
3. 能够对常见故障进行维护。

## 一、常用干燥机械

### （一）仓内贮存式干燥机

仓内贮存式干燥机，又名干贮仓，由金属仓、透风板、抛洒器、风机、加热器、扫仓螺旋和卸粮螺旋组成，其结构如图8-1所示。在将湿谷放至干贮仓后，启动风机和加热器，不间断向仓内送入低温热风，持续运转风机，直到谷物所含

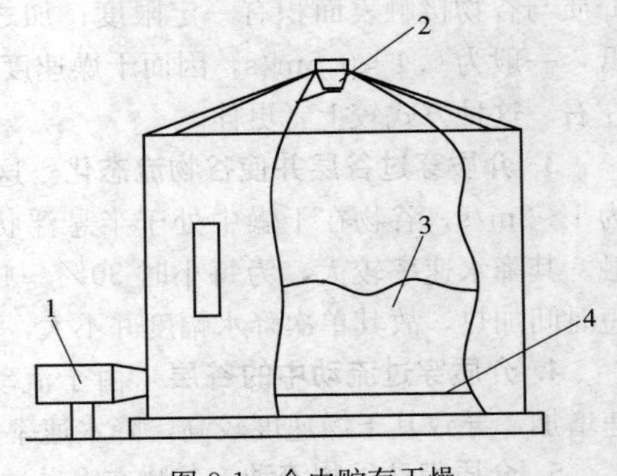


图8-1　仓内贮存干燥

1. 风机和热源　2. 抛撒器　3. 粮食　4. 透风板

水分达到要求的含水率。在谷床达到一定的厚度之前，可以不间断地向仓内加入湿谷，达到一定的谷床厚度后则停止加粮，仓内的粮食量由干贮仓的生产率和湿谷的水分确定，每一批谷物的干燥时间为12～24h不等。

### （二）横流式谷物干燥机

#### 1. 横流式谷物干燥机的特点和结构

横流干燥机为矩形断面竖箱，内有热风与冷风的配风室，两侧有两条谷物流经的通道，其下端有排粮搅龙和排粮辊。其配气室的侧壁及谷物通道的外壁均制成孔板状，以便从热配气室或冷配气室射来的气流水平穿过谷层。该机谷层较薄，干燥速度较快，可连续进料、加热、冷却、卸粮，适于大规模连续生产。横流干燥机具有结构简单、制造方便、成本低、谷物流向与热风流向垂直的特点，是目前应用较广泛的一种干燥机型。它存在以下主要问题：干燥不均匀，进风侧的谷物过干，排气侧干燥不足，易产生水分差；单位耗能较高，热能没有充分利用。

图8-2所示为一传统型横流式干燥机的结构，湿谷靠自身所受重力从贮粮段流至干燥段，而热空气则由热风室受迫横向穿过粮柱，在冷却段中冷风横向穿过粮层，粮柱的厚度一般为0.25～0.45m，干燥段粮柱高度为3～30m，冷却段高度为1～10m。

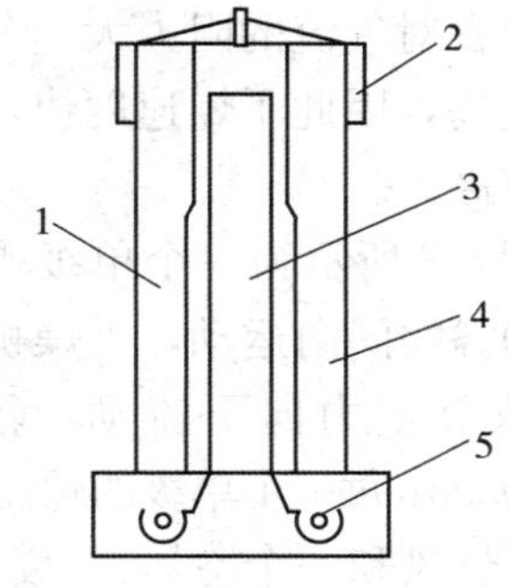

图8-2　横流式谷物干燥机

1. 废气回收　2. 废气排出　3. 热风室　4. 排放控制室　5. 排粮螺旋

#### 2. 横流式谷物干燥机的改进

（1）谷物流换位。在横流式干燥机网柱中部安装谷物换流器，可以有效克服横流式谷物干燥机的干燥不均匀性。安装谷物换流器，可使网柱内侧的粮食流到外侧，外侧的粮食流到内侧，从而减少干燥后粮食水分不均匀的情况。美国的Thompson教授的研究表明，采用谷物流换位，不仅可以减少粮食的水分梯度，而且可降低粮温。利用计算机模拟的方法可以得出：当谷物厚度为310mm时，在干燥段中间采用换流器使粮柱内外侧换位，可使水分差减小约一半，同时最终粮食温度可降低10℃左右，但是热耗会略有增加。

（2）差速排粮。为了改善干燥的均匀性，美国的Blount公司在粮食出口处，设置了两个排粮轮。排风侧的排粮轮转速较慢，而进风侧的排粮轮转速较快，两轮转速的不同，导致高温侧和低温侧的谷物受热时间不同，高温侧的粮食受热时间较低温侧的粮食受热时间短，因而可使粮食的水分保持均匀。Blount公司的实验表明，两个排粮轮的转速比为4∶1时干燥效果较好。

（3）热风换向。采用热风改变方向的方法，即沿横流式干燥机网柱方向分成两段或多段，使热风先由内向外吹送，再从外向内吹送，谷物在流动过程中受到来自两个方向的热风的吹送，受热比较均匀，干燥质量得到改善。

（4）多级横流干燥。采用多级或多塔结构，利用不同的风温和风向，能够显著改善横流式干燥机的干燥不均匀性。

## （三）顺流式干燥机

顺流式干燥机的结构为漏斗式或角状管式。该机为矩形断面的竖箱，箱内有加热段、缓苏段、冷却段及排料装置。在加热段与冷却段设有进气管和排气管，湿粮向下流动中与由热风室供给的热空气并行向下运动，废气进入排气管排出，谷物经缓苏后进入冷却段，冷却段的冷空气由冷风机供给，冷却是属逆流冷却，谷物流到下部的排粮装置排出。顺流式干燥机具有以下特点：适合于干燥高水分粮食；干燥均匀，无水分梯度；高温介质首先与最湿、最冷的谷物接触；热风和粮食平行流动，干燥质量较好；热风与谷物同向流动；粮层较厚，粮食对气流的阻力大，分机功率较大；可以使用很高的热风温度，而不使粮温过高，因此干燥速度快，单位热耗低，效率较高。

图 8-3 所示为一个单级顺流式干燥机，热风和谷物同向运动，干燥机内没有筛网，谷物依靠重力向下流动，谷床的厚度为 0.6～0.9m，每一个单级的顺流干燥机一般均有一个热风和一个冷风机，废气直接排入大气，干燥段的风量一般为 30～45$m^3$/（min·$m^2$），冷却段的风量为 15～23$m^3$/（min·$m^2$），由于谷床较厚，气流阻力大，静压一般为 1.8～3.8kPa。

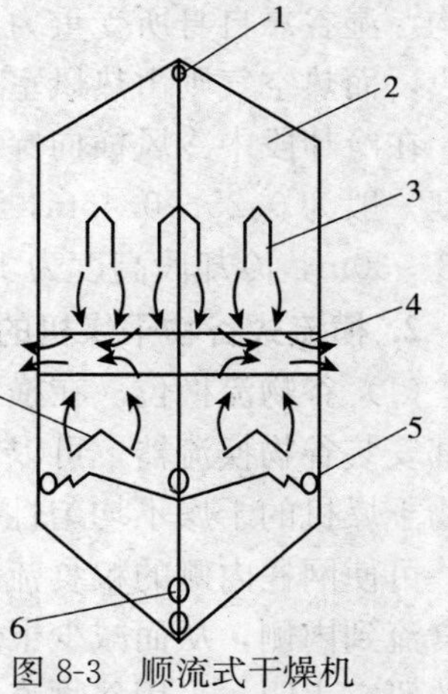

图 8-3 顺流式干燥机

1. 分布螺旋 2. 湿粮 3. 热风入口 4. 废气出口 5. 转轮 6. 排粮螺旋 7. 冷风入口

### 1. 顺流式干燥机的性能

顺流式干燥机中，热风和高温同向流动，流动过程中，高温热风首先干燥最湿、最冷的粮食，因而它的干燥性能明显优于横流式干燥机。实验证明顺流式干燥机比传统横流式干燥机节能 30％。在顺流干燥时，最高粮温点既不在热风入口也不在热风出口处，而是在热风入口下方的某一位置上，其值与许多因素有关，如谷物流速、谷物水分、热风温度和风量等。

### 2. 顺流式干燥机的结构

顺流式干燥机普遍设有二级或三级顺流式干燥段以及一个逆流冷却段，在两个干燥段之间还设有缓苏段。这是由于多级顺流干燥机比单级顺流有许多优点：谷物品质有所改善；生产率高；如果二级以后的排气能够循环利用，则能耗可以降低。顺流式干燥机缓苏段总长度可达4～5.5m，谷物在缓苏段内的滞留时间为0.75～1.5h。在这段时间可以使谷物内部的水分和温度降低，以利于下一步的干燥。

### （四）混流式干燥机

混流式干燥机为多层角状管结构，又称为多风道式干燥机。该机在竖箱内设有多层间隔配置的进、排气道或每层内间隔配置的进、排气道的结构，以达到由进气管进入谷层的介质经过顺、逆流及横流的形式对谷物进行加热。虽然不同形式的加热对各部分谷物的加热程度有所不同，但由于在该机竖箱内装有多层进、排气角状管，谷物在流经全箱过程中受各种形式的加热概率基本相同，故该机的谷物干燥均匀度较好，一般干燥后谷粒间的水分差不大于0.5%。混流式干燥机适于大规模连续生产作业，我国的大型谷物干燥塔采用此种形式较多。

**1. 混流式谷物干燥机特点**

（1）混流式干燥机的介质温度要高于横流式干燥机的介质温度。更高的介质温度，意味着蒸发一定量水分所需的热风量也相应减少，所使用的风机也可以小一些。

（2）可用于小粒种子的烘干。

（3）由于混流式干燥机的谷层厚度比横流式小,气流阻力比横流式低,所以混流式干燥机所使用的风机的功率比横流式小,单位电耗的生产率比横流式高。

（4）在混流式干燥机中，谷物并不是单纯地由高温气流进行干燥，而是受到高低温气流的交替作用，所以谷物在干燥后品质更好，裂纹率和热损伤相对其他机械较少。

**2. 混流式谷物干燥机结构**　混流式干燥机多为组合式结构（图8-4），每个组合段为矩形，可根据用户不同的要求组合而成。横向开底的风管分层排列，每层风管由几条管道组成，进气层与排气层相互交替。在同一层所有管道向粮塔送热空气，而该层管道的上下相邻的两层管道，都是排气层管道。

混流式干燥机工作时，湿谷靠自重从上而下流动。由于热风的进入与湿空气的排出的管道交替排列，层层交错，一个进气管有四个排气管等距离地包围着，反过来也是如此。湿谷粒靠自重由上而下流动时，先靠近进气管，再靠近排气管，接触的温度由高到低，各部位各例得到近似相同的处理，干燥均匀。由于谷物接触高温气流的时间很短，因而可用较高热风温度。而排出废气的温度低，湿度高，降低了单位能耗。

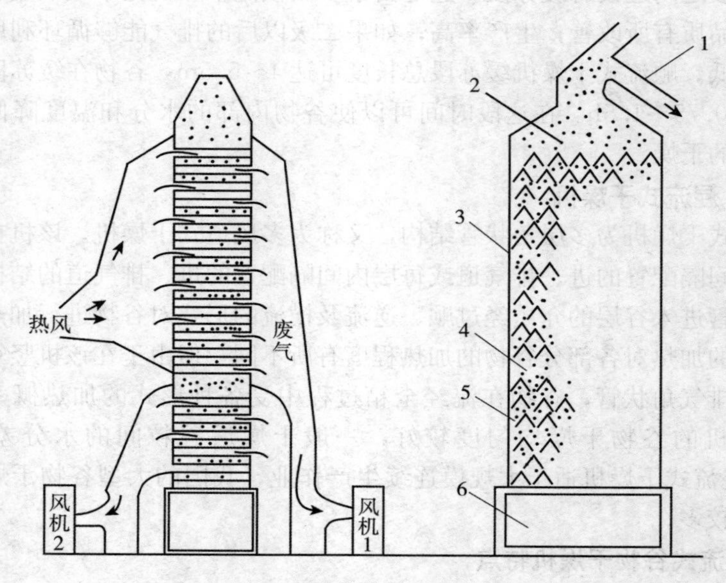


图 8-4 整体式混流干燥机

1. 溢流管 2. 预热段 3. 干燥段 4. 缓苏段 5. 冷却段 6. 机座

## 二、常用干燥机械使用与维护

### （一）使用

1. 裸足或手潮湿时，请勿操作干燥机，以免发生触电。

2. 干燥机停止运转时，让机器继续送风冷却燃烧室，以免燃烧室内的未燃瓦斯异音喷出，造成烧伤事故。遇到停电或紧急停止运转时也不要站在热风机的前面，因为燃烧室内的不燃瓦斯会产生异音喷出，造成烧伤事故，再送电时，请先做送风的干燥运转。

3. 入谷完成后，须打开热风室门板，检查是否有漏谷情形，如有漏谷，严禁干燥运转。

4. 热风室四周围的方孔严禁被异物覆盖，确保入风畅通。

### （二）维护

1. 老化及过期的电线和热继电器不允许使用。

2. 为保证电线的散热，坚决避免紧固松散在地面上的电线。

3. 下班时间，装置的电路应尽可能从总开关开始进行彻底切断。

4. 要实施各部位的清扫、点检时，必须关掉主电源后进行燃烧机部位的清扫点检，请于熄火后通风 5min，等燃烧机的温度下降后实施。

# 单元九

# 农副产品加工机械

## 项目一　概　述

### 知识目标

1. 了解农产品加工机械的发展状况。
2. 了解农产品加工机械的类型。

### 技能目标

1. 掌握选择农产品加工设备的基本要求和原则。
2. 了解我国尤其是我省农产品加工机械的发展方向。

我国是农产品生产大国和消费大国，其中粮食、水果、蔬菜、肉类、禽蛋、水产品等主要农产品总量均已位居世界首位。农产品加工，不仅能把农产品原料变成人们所需要的各种产品，丰富人们的生活，还能显著提高农产品的附加值，加速农业结构优化和促进农业生产的良性循环。

### 一、农副产品机械特点

（1）农产品加工机械具有种类多、生产批量小、单机设备多的特点。而且具有一定的通用性，可使同一种机械加工不同的物料。

（2）卫生要求高。这是农产品机械区别于其他机械的基本特征之一。农产品的污染主要有各类有毒化合物和重金属离子的污染以及有害致病微生物的污染。因此，为了保证农产品的卫生安全，加工设备中直接与农产品接触的部分，均采用无毒、耐腐蚀材料制造；生产工艺尽可能采用连续、密闭的工序，避免有毒物质的进入。

（3）农产品机械自动化程度高低不一，并带有区域性特色，且具有使用的季节性。目前，农产品加工机械设备单机自动化程度总体上并不很高，但也有一些自动化程度较高的设备。

## 二、农副产品加工机械的分类

农产品的加工过程由于原料、加工要求、加工特性的不同而出现了多种类型、多种品种的加工机械，而经常使用且社会拥有量大的加工机械大致有各类粮食的加工机械、干燥机械、清洗机械、分级机械、果品加工机械、豆制品加工机械、饲料加工机械等。本单元侧重介绍经常使用到的且农民拥有量大的谷物脱皮机械、磨粉机械以及油料加工机械 3 大类，并介绍这些机械的类型和特点、构造和工作原理、故障分析与排除、使用维护与保养等内容。

## 三、选择农副产品加工设备的基本要求和原则

### （一）基本要求

在选择设备时应优先选择和采用当前国家重点鼓励发展的农产品加工机械和设备，重点选择和采用具有适度规模、科技含量高、经济效益好、能源消耗低、安全卫生、环境污染少、资源利用效率高的设备；禁止选择和采用当前国家明令限制和淘汰的农产品加工机械设备，重点禁止选择和采用违反国家法律法规、生产方式落后、产品质量低劣、环境污染严重、原材料和能源消耗高、已有先进成熟技术替代、严重危及生产安全的设备。

### （二）基本原则

**1. 技术先进** 应选择具有较高的性价比而且功能完善、运行稳定的设备，在满足此条件的基础上，再考虑使用寿命长，并且运行维护费用及单位产品物耗、能耗低的设备。

**2. 可靠性高** 尽可能采用已经充分验证并经过使用的设备。所选用的设备在得到生产稳定性较高和无故障工作时间较长的前提下，不得对工作人员造成生命及健康危险，不得排放超过国家标准规定的有害物质或者其他污染物，噪声、震动、辐射等污染也都要在国家标准规定的范围内。

## 四、我国农副产品加工机械的发展方向

我国农产品加工机械工业起步晚，成为一个独立的行业也不久，因此农产品加工机械的设计、制造、研究、使用水平还很低，为了满足国民经济发展的需要，必须着重在引进新技术的基础上，研制和开发适合于我国国情的新机

型，努力完成技术改造和新老产品的更新换代，以及有目的地进行一些基础理论方面的研究。未来的农产品加工机械研制和开发应重点解决以下几个问题：

（1）农产品加工机械与设备标准化、系列化和通用化的研究和推广。

（2）新工艺、新结构和新材料的研究和应用。

（3）微机和程序控制在农产品生产线和单机研制上的应用。

综上所述，我国未来的农产品加工机械与设备应该以满足人们对农产品的实际要求为前提，生产和建立用现代科学技术武装起来的具有我国特色的新型农产品加工机械设备和生产线。

# 项目二　谷物脱皮机

## 知识目标

1. 了解碾米机的类型及特点。
2. 理解谷物脱皮机的基本构造和工作原理。

## 技能目标

1. 能够对谷物脱皮机进行正确的使用和维护。
2. 掌握谷物脱皮机的保养方法。

## 一、脱皮机的类型及特点

谷物脱皮机主要用于谷子碾米和高粱去皮成米的加工，以及玉米、小麦、大麦、绿豆、荞麦、大豆等五谷杂粮及中药地肤子、薏米的脱皮加工。谷物脱皮机属于碾米机中的一种。

碾米机的分类方式有很多种，在这里只简要介绍一种最常见的分类方式，即根据米粒所受的机械力，可将碾米机分为擦离型、碾削型和混合型3种，见表9-1。

**表 9-1　碾米机的分类**

| 类　型 | 擦离型碾米机（铁辊碾米机） | 碾削型碾米机（砂辊碾米机） | 混合型碾米机（砂辊或铁砂辊结合） |
| --- | --- | --- | --- |
| 线　速 | 较低（5m/s 左右） | 较高（15m/s 左右） | 介于擦离型和碾削型之间（10m/s 左右） |
| 碾米压力 | 压力大 | 压力较小 | 平均压力较碾削型稍大 |

（续）

| 类　型 | 擦离型碾米机（铁辊碾米机） | 碾削型碾米机（砂辊碾米机） | 混合碾米机（砂辊或铁砂辊结合） |
| --- | --- | --- | --- |
| 米粒在碾白室中的密度 | 密度较大 | 密度较小 | 米粒密度比碾削型稍大 |
| 机　型 | 较小 | 机型较大 | 适中 |
| 碎米量 | 碎米多 | 碎米少 | 碎米少 |
| 优　势 | 结构简单，操作维护方便，价格低，适合于农村使用 | 适合碾制籽粒强度较低且皮层干燥的糙米 | 兼有擦离型和碾削型米机的优点 |

## 二、谷物脱皮机的构造及工作原理

立式砂辊碾米机适用于高粱的脱壳碾白、玉米脱皮破渣以及麦粒剥皮等工艺操作。它的主要特点是在杂粮地区可以达到一机多用的目的，同时该类脱皮机碎米率和耗电量都较低，所以得以推广使用。其缺点是结构较复杂，制造成本和对操作维护的要求也较高，同时产量低，脱皮道数较多。本节以MNMLS40型立式砂辊碾米机为例进行说明，该机型的性能参数见表9-2。

**表9-2　MNMLS40型立式砂辊碾米机的性能参数表**

| 型号 | 产量（t/h） | 动力匹配（kW） | 碾米辊材质 | 吸风量（$m^3/h$） | 净重（kg） | 外形尺寸（长×宽×高，mm） |
| --- | --- | --- | --- | --- | --- | --- |
| MNMLS40 | 4～5 | 37 | 金刚砂 | 2 400 | 1 200 | 1 447×1 290×1 990 |

### （一）构造

立式砂辊碾米机由进料机构、金刚砂砂臼、闷盖、米筛、米刀、除糠机构和机座等组成。碾白室是由截锥形砂臼、3块米筛与米筛间的3把米刀所组成的空间，其中，砂臼可上下移动，用以调节砂臼与米筛间的间隙。

砂辊：是碾米机的主要工作部件，使用人工金刚砂制成，为上大下小的锥体，便于调整碾白室间隙。表面分布着许多密集而锐利的细砂粒，可以起到对谷物进行切削而使表面脱落的作用。因此要求碾米机速度快，压力小，否则米粒表面会出现切削过深的痕迹或折断成碎米。

米刀：碾米机中一般有3把橡胶阻刀沿着碾白室圆周均匀分布，在每台机器中米筛共有3片锥形长孔筛与米刀相间安装。

除糠部分：由风扇、除糠器、出米嘴、风力调节板、出糠口等组成。风扇的主要作用就是产生负压，从而吸走下落到除糠器处米流中的糠屑。除糠器上的风量调节板，可调节气流的吸气力，从而调节除糠能力。出料闸板是控制出粮量的，以保证原粮在碾白室中的碾制时间。

### （二）工作原理

工作时，物料由进料斗流到旋转的拨米板上后再被甩到圆锥形的碾白室内，经过砂辊的高速磨削后，谷粒的皮层被剥落，进行碾白。碾白过程中脱下的糠，大部分都可以通过筛孔排出。部分细糠与米粒一起在碾白室底部由排米板拨到出米嘴，再经出口闸板流到除糠器内，细糠被吸入风扇，经出糠口排出机外。米粒则由除糠器流到容器内。这样的工序会根据原粮情况，需要分别加工 2～3 遍。

## 三、使用维护及保养

米筛应根据稻谷的品质、水分、谷物脱皮机的类型、成品的精度要求等进行选配，同时根据物料、机型的不同调节好碾白室的间隙、碾辊表面特性和转速等基本指标。

开机前应检查各连接紧固件是否牢固，各调节件和传动件是否灵活可靠，并检查皮带轮有无异常声音。

脱皮机正常运转后，逐渐拉开进料闸门，以达到检查谷物是否达到精度要求的目的。如果实际精度与设定精度不符合，可调节出料门或米刀的间距。米刀尽量少调，以防止增加碎米。

脱皮机正常运转后，检查排糠情况，如果谷皮和谷物分离不清则对分离机构进行调节。

在进料斗内应装有铁丝筛网，以避免大型杂质掉入，损坏碾米机。

随时清除筛底上和出料口处沉积的谷皮,以防止筛孔堵塞和保持出口畅通。

应经常检查砂锟、米刀、米筛等部件的磨损情况，若磨损严重，应及时检修或更换。

轴承应保持良好的润滑状态，并定期清洗、加油。

## 四、常见故障及排除

### （一）碎米多

**1. 故障分析** 米刀进给量过大；碾白室间隙过小；辊筒转速过高；砂辊表面或者与螺旋输送器之间端面高低不平等。

**2. 排除方法** 适当退出米刀；调节碾白室内间隙；降低转速；调整端面使之平整并连接顺畅。

### （二）产量显著下降

**1. 故障分析** 螺旋输送器或者辊筒严重磨损；碾白室压力设置不恰当；

辊筒转速过低；原粮过湿。

**2. 排除方法** 更换螺旋输送器或者辊筒；重新调节压力；保证主轴的额定转速；干燥原粮。

(三) 碾白室堵塞

**1. 故障分析** 进料速度大于出料速度；传动带过松或者打滑；擦米室堵塞；原粮过湿。

**2. 排除方法** 调节进出口闸门开度；张紧传动带；清除堵塞物；干燥原粮。

(四) 工作时发生剧烈震动

**1. 故障分析** 安装机座不稳固；紧固机件或螺丝松动；机器安装不平；转速太快等。

**2. 排除方法** 紧固机座；紧固连接件和螺丝；更换调整垫，使机器处于水平状态；保证额定转速。

(五) 有噪声或撞击声

**1. 故障分析** 谷物中有小铁屑等硬物混入。

**2. 排除方法** 打开固定盘清理杂物，清除谷物中的硬物。

# 项目三 磨粉机

## 知识目标

1. 了解磨粉机的类型及特点。

2. 理解 FMP-25 型磨粉机和 MF-1820 型辊式磨粉机的基本构造和工作原理。

## 技能目标

1. 能够对典型的圆盘式磨粉机和辊式磨粉机进行正确的使用和维护。
2. 掌握典型的圆盘式磨粉机和辊式磨粉机的保养方法。
3. 能够进行典型的圆盘式磨粉机和辊式磨粉机的常见故障分析与排除。

### 一、磨粉机的类型及特点

磨粉机是小麦制粉的主要设备。按其研磨部件可分为圆盘式磨粉机、锥式磨粉机和辊式磨粉机，其中以圆盘式磨粉机和辊式磨粉机应用最为广泛，其特点见表 9-3。

**表 9-3　圆盘式和辊式磨粉机特点比较**

| 类　　型 | 优　　点 | 缺　　点 |
|---|---|---|
| 圆盘式磨粉机 | 体积小，质量只是辊磨的 1/3；设备结构简单安全；操作便捷；寿命长 | 研磨精度较低，研磨时间长，单位生产率的动力消耗多 |
| 辊式磨粉机 | 具有稳定的研磨精度，研磨时间短，加工质量好 | 设备体积大，结构复杂，操作维修较为复杂，设备价格高 |

## 二、圆盘式磨粉机

### （一）构造与工作原理

圆盘式磨粉机的型号很多，生产厂家也很多，但结构大多相似。这里以 FMP-25 型磨粉机（图 9-1）为例，介绍其结构。

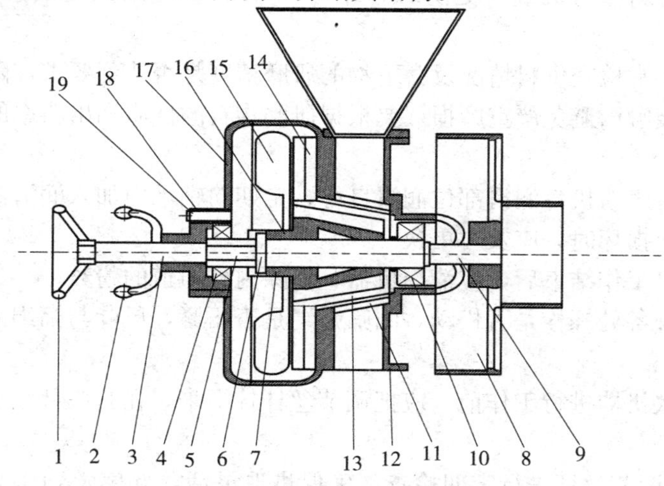


图 9-1　FMP-25 型磨粉机结构

1. 调节手轮　2. 锁紧螺母　3. 调节丝杆　4. 柱轴　5. 顶轴　6. 横销　7. 销轴　8. 皮带轮　9. 主轴　10. 207 轴承　11. 粉碎齿套　12. 粉碎齿轮　13. 机座　14. 磨片　15. 弹簧　16. 风扇　17. 机盖　18. 206 轴承　19. 丝堵

该机主要由磨粉和筛选两大部分组成。

磨粉部分主要由进料斗、机座、粉碎齿轮、主轴、粉碎齿套、风扇、动磨片、静磨片和磨片间距调节机构等组成。

筛选部分是一个封闭式箱体，这样可以很好地起到防止工作时粉尘飞扬。该部分主要由盖板、绢框和风叶等部件组成。筛绢的粗细根据需要可拆卸更换，面粉通过绢孔进入接料斗内。

工作原理：圆盘式磨粉机工作时，物料由进料斗慢慢流入机内，首先经粉碎齿套和粉碎齿轮间初步粉碎，然后在动、静磨片间受到磨齿的相互作用，物料被挤压和研磨而成为细粉，最后进入筛粉箱筛选。

### （二）维护与保养

对磨粉机进行经常性保养，是提高磨粉质量和延长机器使用寿命的重要一环。其保养内容和方法如下：

（1）加工前应检查被加工的物料是否混有颗粒较大、质地较硬的杂质，以免损坏机件。

（2）机器开动后，首先确保没有任何不正常的声音，如果听到机器发出有异常的声音，就应该立即停机进行检查。

（3）拉开插板。拉开时要注意慢慢拉开，不能全部拉开，否则进料过多，机器会因超负荷发生闷车，同时也容易打破筛绢。

（4）若是新磨粉机或新更换的磨片（磨头），应先用麸皮试磨一两遍后，再磨粮食。

（5）要经常检查供料情况及磨下物的研磨精度是否达到要求，随时调节磨片（磨头）接触以避免严重磨损。要根据研磨物料的性质和出粉率的要求，调节进料量。

（6）保持磨粉机各润滑部位润滑良好，定期向轴承内加入润滑油，发现轴承磨损严重或损坏时，应及时更换。

（7）每班工作结束后，应清扫机器，清除内外通道的粉麸。

（8）检查各处螺栓是否松动，圆筛筛绢是否压紧，风叶与筛绢的相对位置是否恰当。

（9）每次机器进行工作前，应把调节丝杆拧下来，在其头部涂黄油，用以润滑珠轴。

（10）对调节丝杆进行定期检查，确保进退灵活，要感觉到压力弹簧对动磨片有一定的弹力。若弹簧折断或珠轴磨损，应及时更换。

（11）当磨粉机工作一段时间，磨片磨损影响出粉时，应更换一次动、静磨片的相互位置。若磨片两面都已经用过，则应更换新磨片。一般情况，一副磨片可加工10 000kg 小麦。

（12）轴承磨损或损坏时，应及时更换。

### （三）常见故障与排除方法

**1. 机器不转**

（1）故障分析。主轴转动不灵活。

（2）排除方法。拆下主轴和轴承清洗，加润滑油；调节机盖与机体两轴承的同心度。

**2. 生产率降低**

（1）故障分析。主轴转速低于额定转速，动力不足；磨片间隙小；磨片磨损。

（2）排除方法。调整转速至额定转速（更换大的电动机或柴油机）；适当调大磨片的间隙；更换新磨片。

**3. 出面处有麸渣**

（1）故障分析。筛绢有破口或绢框没压紧。

（2）排除方法。修补筛绢或压紧绢框。

**4. 麸渣内含面粉多**

（1）故障分析。粮食潮湿，堵住筛绢孔；进料流量过大；旋转角过大。

（2）排除方法。晒干原粮；清扫筛绢，调整好进料流量；适当调螺旋角。

**5. 面粉温度高**

（1）故障分析。磨粉机超过额定转速，导致进料过多，负荷过大；两磨片间距过小；粮食过湿。

（2）排除方法。保证在额定转速下工作；适当增大磨片间距；晒干粮食。

**6. 两磨片空磨**

（1）故障分析。磨片间距调节机构压力弹簧折断失效。

（2）排除方法。更换新弹簧。

**7. 麸渣出得太少**

（1）故障分析。螺旋角过小；叶轮顶丝活动。

（2）排除方法。螺旋角调整为 3°～5°；紧固叶轮顶丝。

**8. 机器振动严重或有杂音**

（1）故障分析。机座不稳；螺丝松动；物料内有杂物；轴承磨损严重；动磨片、静磨片不同心；主轴的旋转方向不对。

（2）排除方法。紧固机座螺栓；紧固机器各部分螺丝；清选物料；更换损坏的轴承；调整两磨片的同心度；改变主轴旋转方向。

## 三、辊式磨粉机

### （一）类型及特点

辊式磨粉机的种类较多，按每台磨粉机配备的磨辊数，有只有一对磨辊的单式磨粉机和有两对磨辊的复式磨粉机（复试磨粉机可以用来研磨不用的物料）。按来料或断料时合闸或松闸的自动化程度分，有人工操作的普通磨粉机和液压或气压控制的自动磨粉机。每对磨辊又有水平排列和倾斜排列两种。从磨辊的直径和长度来分，有大型、中型和小型。

## （二）构造与工作原理

这些磨粉机的结构各有特点，大同小异，其结构通常都是由喂料机构、磨辊、磨辊清理机构、轧距调节机构、传动机构和机架等组成。现以普遍使用的 MF-1820 型农用小型磨粉机为例介绍其构造和工作原理，表 9-4 列出了该机型的性能参数。

**表 9-4　MF-1820 型农用小型磨粉机的性能参数**

| 机型 | 平均生产率（kg/h） | 配套动力（kW） | 磨辊直径（mm） | 磨辊长度（mm） | 快辊转速（r/min） | 快慢辊速比 | 圆筛转速（r/min） | 整机质量（kg） |
|---|---|---|---|---|---|---|---|---|
| MF-1820 型磨粉机 | 90～110 | 4 | 180 | 200 | 750 | 2.5：1 | 550 | 300 |

**1. 构造**　MF-1820 型辊式磨粉机（图 9-2）可以单机制粉也可以多台组合制粉，而单机制粉的磨粉机由磨粉部分和筛理部分组成，其结构有喂料机构、研磨机构、轧距调节机构、圆筛机构、传动系统和机架等。其工作过程见图（图 9-2）。

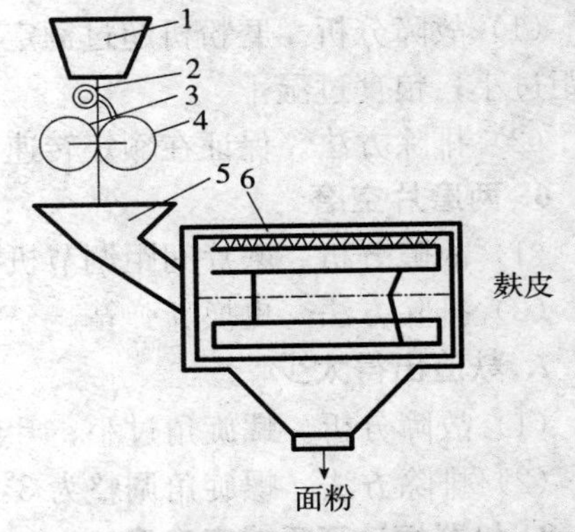


图 9-2　MF-1820 型辊式磨粉机工艺流程

1. 料斗　2. 流量调节机构　3. 快辊　4. 慢辊　5. 进料斗　6. 圆筛

（1）喂料机构。喂料机构是磨粉机的重要部件，主要起到保证物料连续不断地以稳定的流量准确地进入研磨区的作用，并在此基础上确保物料均匀地分布在磨辊全部长度上，同时限制大的杂质进入磨口，控制物料流入速度，防止物料堵塞。

（2）磨辊。一对水平放置的磨辊，不仅要承受较大的径向工作压力，还要承受强烈的摩擦作用。安装磨辊时，两根磨辊的磨齿倾斜方向必须相同。只有这样，工作时快、慢辊磨齿才会形成许多交叉的剪口，物料在剪口处受到剪切作用而破碎。两根磨辊根据锋角和钝角的位置安排，可以形成锋对锋的磨齿排列，也可以形成钝对钝的磨齿排列。前者对物料的剪切作用强，破碎率高，节省动力，处理量大，产品中粉末少而颗粒多；后者剪切力小，挤压力大，破碎作用缓和，产品颗粒少而面粉多，耗用动力明显增加。

（3）轧距。轧距大小对研磨效果影响很大。轧距小，磨辊对物料的挤压和剥刮作用强。当流量不变时，如果缩小轧距，两个磨辊对物料的研磨压力将增加。轧距越小，物料越易于破碎，麸皮上的胚乳剥刮得越干净，提高了磨粉机的效率。调整时，手轮右旋，慢辊前移，轧距减小；手轮左旋，慢辊后退，轧距增大。如果磨辊两头轧距不相等，可以调节簧包后边的螺母。

（4）圆筛。由筛筒、圆筛盖、筛心、刷子、打板、筛轴、支架、轴承座等主要部分组成。筛心采用全包式，固定不动，两把刷子和两块打板通过支架固定在筛轴上，随轴一起转动。工作时，研磨物料由出料斗下落到圆筛内，在做旋转运动的打板将物料打散并抛撒到筛面上，使面粉通过筛孔而下落；剩余物料随打板继续边打边向前推进，最后所剩麸皮从圆筛盖的出麸口排出。

**2. 工作原理**　物料经粉碎到所需粒度后，再将物料经过储料斗、振动给料机后将料均匀连续地送入磨粉机主机磨室，由于旋转时离心力作用以及磨辊的滚动而达到粉碎目的。物料研磨后的细粉随鼓风机被带入分析机进行分选，过粗的物料落回重新研磨，细粉则随气流进入成品旋风集粉器，经出粉管排出，即为成品。同时要保证磨粉机在负压状态下工作，使得由于研磨生热产生的水蒸气通过余风管排入除尘器，被净化后排入大气。

### （三）维护与保养

（1）开机前检查皮带的松紧度和安全防护装置的可靠性，检查各润滑部位的润滑情况，检查磨辊下的筛绢、毛刷是否完好。

（2）机器启动后先进行空车运转，对机器的运转情况进行观察，确保机器运转正常，有无显著震动和不正常声音。

（3）分别对轧距调节手轮和微量调节手轮进行调整，以达到要求的物料细碎度。

（4）严防铁钉、金属块、硬石块等混入磨辊，如发现硬物进入磨辊应立即拉回操作手柄，以免损坏磨辊。

（5）检查各部运转情况，以及轴承有无过热（温度大于65℃）现象。

（6）观察是否有麸皮进入面粉和麸中含粉的情况。

（7）使用一段时间后，应进行检修；磨辊、磨环及铲刀等易损部件应经常进行检修，如使用超过一定时间就必须重新更换。

（8）对连接螺栓螺母应进行仔细检查，看是否松动，润滑油脂是否加足。

（9）对电机的检查。在运转中检测电动机的温度；使用合适的润滑剂以提高效率；检查电机的功率是否为额定功率。

（10）定期检查传送带和齿轮的安装是否合适，以免导致驱动带、齿轮、轴承过早老化，进而导致能量消耗过多，降低效率。

（11）定期对喂料门、磨辊间隙以及磨辊清理器进行调整。

(12) 此外，磨辊刷和刮刀也要定期检查和维护。

## (四) 故障分析与排除

### 1. 生产率低

(1) 故障分析。流量太小；磨辊两端间隙不一致；弹簧压死；磨辊排列方式不对；两磨辊直径变小，大小齿轮已咬死，不能调整。

(2) 排除方法。调节小手轮，增加流量；调整拉杆上的平行调节螺母，使磨辊两端间隙一致；调整拉杆外边的螺母，使压环与压簧筒相平，切不可过深；按要求调整；减少齿轮直径，或者更换新磨辊。

### 2. 面粉太粗或不白

(1) 故障分析。筛绢型号不对，筛孔大；磨辊间隙太小；磨辊排列方式不对；弹簧压力太大。

(2) 排除方法。更换细筛绢；回转轧距调节手轮，增大间隙；磨辊排列为钝对钝；调整拉杆外的螺母，放松弹簧。

### 3. 轴套发热

(1) 故障分析。油环变形，不转动；转速过高；轴套和磨辊主轴严重磨损。

(2) 排除方法。拆开轴承，清除污物；快辊转速不得超过 720r/min；更换新轴套。

### 4. 面粉温度高

(1) 故障分析。磨辊严重磨损，磨辊对得过紧；夏季工作时间长。

(2) 排除方法。重新拉丝，或放松磨辊；停机散热。

# 项目四 榨 油 机

## 知识目标

1. 了解榨油机的类型及特点。
2. 了解80型小型螺旋榨油机的基本构造和工作原理。
3. 了解80型手动液压榨油机的基本构造和工作原理。

## 技能目标

1. 能够对典型的螺旋榨油机和手动液压榨油机进行正确的使用和维护。
2. 掌握典型的螺旋榨油机和手动液压榨油机的保养方法。

3. 能够进行 80 型小型螺旋榨油机常见故障的分析与排除。

4. 能够进行 80 型手动液压榨油机常见故障的分析与排除。

## 一、榨油机的分类及特点

榨油机是指借助于机械外力的作用，将油脂从油料中挤压出来的机器。可分为水压制油机、螺旋制油机、新型液压榨油机、高效精滤榨油机。榨油机按照结构和工作原理可分为螺旋榨油机和液压榨油机两类。也有少数按照压榨工艺分为预榨机和一次压榨机，以及按照油料的入榨条件分为热榨和冷榨两大类。本节按照榨油机的工艺和工作原理的不同，主要介绍农村主要使用的小型螺旋榨油机和手动液压榨油机，见表 9-5。

**表 9-5 螺旋榨油机和液压榨油机特点比较**

| 类型 | 优点 | 缺点 |
|---|---|---|
| 螺旋榨油机 | 连续化处理量大，动态压榨时间短，出油率高，劳动强度低 | 所需电压较高（380V） |
| 液压榨油机 | 构造简单，使用寿命长，民用电压即可使用 | 与螺旋榨油机相比，出油率和产量都较低 |

## 二、螺旋榨油机

螺旋榨油机主要用于个体加工，且种类比较多。这里以农村普遍使用的 80 型小型螺旋榨油机为例，介绍其工作原理、养护以及故障排除等。表 9-6 列出了 80 型小型螺旋榨油机的性能参数。

**表 9-6 80 型小型螺旋榨油机性能参数**

| 规格 | 螺旋直径（mm） | 螺旋转速（r/min） | 配用主机（Y132M-4）动力（kW） | 真空泵（Y801-4，kW） | 加热器（kW） | 处理量（kg/h） | 整机质量（kg） | 外形尺寸（长×宽×高，mm） |
|---|---|---|---|---|---|---|---|---|
| 6YL-80 | 81 | 47 | 5.5 | 0.55 | 2.2 | 65～130 | 880 | 1 500×1 200×1 750 |

### （一）构造与工作原理

**1. 构造** 80 型小型螺旋榨油机（图 9-3）由进料装置、榨膛（榨螺轴与榨笼）、调节部分、传动系统以及机架等部件组成。

进料器装置由料斗及其底部的调节板组成，可用来控制喂料量。榨膛由榨螺轴和榨笼组成。榨笼由榨条围成圆环形，榨条间有缝隙，油从缝隙中流出。调节部分由调节手轮、调节螺母和手杆等组成。工作时由调节部分调节榨轴和

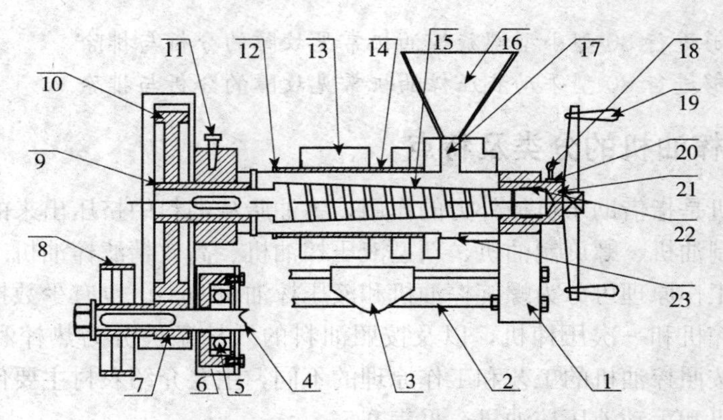


图 9-3　80 型小型螺旋榨油机结构

1. 前机架　2. 粗拉杆　3. 接油盘　4. 传动轴　5. 滚珠轴承　6. 后机架　7. 小齿轮　8. 皮带轮　9. 大铜套　10. 大齿轮　11. 油杯　12. 中体　13. 出饼圈　14. 榨笼　15. 榨螺　16. 料斗　17. 进料调节板　18. 手杆　19. 调节手轮　20. 调节螺母　21. 螺杆　22. 推力轴承　23. 出渣口

出饼圈之间的间隙，以达到一定的出饼厚度和出油量。出饼圈为衬套式，磨损后可更换。传动部分由动力机输出的动力，经皮带轮、传动轴、大小齿轮带动榨螺轴旋转。

**2. 工作原理**　处理好的油料从料斗进入榨膛，在榨螺螺纹旋转作用下，使料坯逐渐从进料端向出饼端方向推进，进行压榨。由于榨螺螺纹底径由小到大（或者螺旋导程逐渐缩小）的变化，使榨膛内各段容积逐渐缩小；压力增大导致料坯被压缩，进而把油从榨笼缝隙中挤压流出，同时将残渣压成屑状饼片，从榨轴末端不断排出。概括地说压榨取油可分为三个阶段，即进料（预压）段、主要榨（出油）段、成饼（重压沥油）段。

### （二）维护与保养

（1）待机温达 60～70℃时（机体外面烫手），即可正常工作压榨。

（2）定期润滑各润滑部位，包括主轴轴承、传动轴轴套、大小钢套和调节螺杆套等。减速箱上面的油杯不得缺油，榨螺轴调整螺杆内轴承应从调整螺杆孔内每班加注黄油一次，严禁干磨。

（3）各润油部位应防止灰尘和其他杂质侵入，每年需检查减速箱的机油质量一次，发现变质，应更换全部机油。

（4）开榨时应慢慢调节饼厚，饼厚调到 0.3～1.0mm 时，可扳动手杆锁紧调节螺母，加大喂料量。

（5）经常检查出饼口的出饼情况，如果出饼不畅或不出饼，应停止加料，清除堵塞。

（6）当压榨量降低、出饼或出油不正常时，应将榨螺轴抽出，检查榨螺、榨条、出饼圈的磨损情况，磨损零件要及时更换。

（7）工作过程中不断清除漏渣，以防油路堵住，回收的油渣可继续压榨。

（8）榨第二遍时，应把油饼碎成10mm左右的小块再放入料斗进行压榨，以防架空影响进料。

（9）若有金属或其他硬物进入机膛，应立即停机清理。

（10）每次工作结束后，应清除机器内残饼，擦干净机器表面灰尘、油垢。

（11）生产季节结束后长期存放时，应进行一次保养，并将榨螺、榨条、出饼圈拆洗重新涂油，放在干燥处。

### （三）故障分析及排除方法

**1. 榨螺轴卡死**

（1）故障分析。加料过多，负荷增大；油料中硬壳多，水分低；出饼口间隙小，出饼圈不光滑；机体温度低；硬物将随油料进入榨膛。

（2）排除方法。立即停机，关闭下插板，倒出榨膛饼渣，保持均匀加料；去除硬壳；调整出饼口间隙，磨光出饼圈；提高机体温度；掏净榨膛内硬物和饼渣。

**2. 出油率低且不稳定**

（1）故障分析。油料水分不合适，过干或过湿；榨条间隙过小或被渣堵塞；机体温度或料温过低。

（2）排除方法。调整油料水分；检查榨条间隙，疏通油路；提高机温和料温。

**3. 出饼不顺利，厚薄不均，表面不光滑**

（1）故障分析。出饼圈与主轴锥面不光滑或表面磨损；榨螺和榨膛不同心。

（2）排除方法。磨光表面；调整同心度。

**4. 油稠而浑浊**

（1）故障分析。机体温度低；油料过干，发霉；油料杂质多。

（2）排除方法。提高机温；调整水分，选好油料；清理油料。

**5. 生产率低**

（1）故障分析。榨螺轴严重磨损；榨螺轴不光滑；漏渣太多。

（2）排除方法。更换新件；磨光榨螺轴；调整榨条间隙或更换新榨条。

**6. 进料口存油**

（1）故障分析。榨条间隙过小或堵塞；油料含油多，饼太薄。

（2）排除方法。适当调整榨条间隙，清除堵塞物；用饼把油冲出。

## 三、手动液压榨油机

现以立式180型手动液压榨油机为例进行介绍。180型手动液压榨油机的技术参数见表9-7。

表9-7　180型手动液压榨油机技术参数

| 型号 | 公称压力（N） | 最大使用工作压力（MPa） | 活塞行距（mm） | 加料套直径（mm） | 每次加芝麻量（kg） | 每次加花生量（kg） | 电热圈功率（kW） | 电热圈控制温度（℃） | 电动机型号及功率（kW） | 生产能力 |
|---|---|---|---|---|---|---|---|---|---|---|
| YZ-180 | 2 280 000 | 45～60 | 450 | 180 | 3 | 2.5 | 1 | 70～100 | Y100L-6，2.2 | 5～7min产油7kg |

### （一）手动液压榨油机的构造

180型手动液压榨油机的结构主要由榨机和油泵两大部分组成。

**1. 榨机部分**　即榨膛（容纳饼坯进行压榨的部分），这是榨油机的主体。它由一套大油缸、活塞及密封圈构成；上部还装有承饼板、接油盘等零件，构成油缸系统；另外，又由底座、盖板、拉杆（4根）等零件构成机架。

**2. 油泵部分**　是用来产生压力的装置，它由油箱、泵体、压力表、油路、各种阀门和各连接件组成。采用套式联合泵的方式将一个高压柱塞内套在一个低压柱塞中。两个柱塞既可同时使用也可分开分别使用。当压力较小且对油料进行初榨时可同时使用，但当压力上升到一定量时需换用高压柱塞以节省人力。

### （二）工作原理

松开活动围梁与围柱，将已经预压成圆饼的饼坯放在承饼盘上，外套饼圈，以20～40个圆饼逐层垒叠至顶盖板，饼与饼之间用带孔的薄垫板分隔，饼坯装好后再将围梁与围柱装上固定，以防饼坯偏斜。然后关闭配油阀，用手向下压压力手柄，驱动活塞上顶，大活塞快速上升，饼坯受到挤压，产生压力，压榨料饼出油。待出油后就换用高压泵工作，这时大活塞缓慢上升，油脂不断被挤出，流入接油盘，每榨一次需2～5h。第一次榨油完成后，油泵停止加压，高压油流回油箱，大活塞靠重力自动下落，将渣饼卸出，重新装上料饼，以此反复间歇榨油。

### （三）保养维修

（1）榨油机要保证榨机和油泵两部分相对位置的正确和牢固，因此要安装在坚固的地基上，不可有位移、松动、摇摆等现象。

（2）开机前，应确认连接件是否松动，液压系统是否漏油，活塞升降是否灵活，油箱油量是否充足，压力表和安全阀是否正常、灵敏。

（3）承饼盘上升高度不可以超过500mm，否则容易发生脱缸事故。

（4）压力表使用一年左右，应送往有关单位对压力表进行压力校验。工作中要观察表上压力，如发现指针回不到零位时，应及时校验、维修或更换。

（5）操作者只准上下压动手柄，不准左右摇摆，不许用冲击式猛力。

（6）油泵中的压力油要过滤，浓度不可过大，原则上是榨什么油就用什么油。禁止使用汽油、煤油等易燃油料。

（7）箱内要保持清洁，每工作3个月左右要清洗油箱，并更换新油，或把箱内油取出过滤后再使用。否则油箱内的杂质会使油泵磨损而使油路堵塞，进而影响榨油机工作。

（8）手柄与油泵的连接销轴，要经常加润滑油以免磨损。

（9）榨油机应安装在室内，以免露天风吹雨淋，造成生锈和食油污染。

（10）长期停放时，要把机器擦净、涂油，并盖上防护罩。

### （四）故障分析及排除方法

#### 1. 油泵不吸油

（1）故障分析。污物堵塞滤油网；油液使用过久，沉淀物附着在进油阀门上而致使阀门不密合；油箱中油量不足；油泵中未成真空。

（2）排除方法。拆洗滤油网；更换新油或放出旧油过滤并清洗进油阀门；向油箱中加足油；拔出小活塞，注入油液后再压。

#### 2. 油泵压力不足

（1）故障分析。阀门有污物或密封不良；榨油机进油阀螺塞与阀座接触不良；榨油机进出油阀螺塞与阀座接触不良或未拧紧；小活塞与泵体磨损后间隙过大。

（2）排除方法。将阀门拆洗后加以研磨，使其密合；拆洗螺塞与阀座加以研磨，使其密合；研磨榨油机上进油阀螺塞和阀座，使其密合或拧紧螺塞；更换新泵。

#### 3. 油缸与活塞漏油

（1）故障分析。皮碗碗口向上安装错误；皮碗破裂损坏。

（2）排除方法。按正确方法重新装皮碗；更换新皮碗。

#### 4. 安全阀失灵

（1）故障分析。油液中有污物，致使铜球阀门不密封；弹簧失去弹性不能承受高压；调节螺钉松动，导致未到规定压力就发生跳阀现象；经常超压作业，导致钢球将阀门碰伤。

（2）排除方法。清洗安全阀，去除污物，使钢球阀门闭合；更换新弹簧；重新调节螺钉，使压力达到规定压力时再跳阀；重新研磨阀门，更换新钢球。

# 主要参考文献

北京农业机械化学院 . 1981. 农业机械学：上册［M］. 北京：农业出版社 .
丛福滋 . 2010. 我国耕整地机械化技术研究［J］. 农业科技与装备（2）.
丛培善 . 1981. 排灌机械配套使用手册［M］. 北京：中国农业机械出版社 .
董千里 . 2007. 特种货物运输［M］. 北京：中国铁道出版社 .
郭清南，李进京 . 2001. 小麦收割机快速维修技术［M］. 济南：山东科学技术出版社 .
黄林泉 . 1987. 排灌机械［M］. 北京：农业出版社 .
籍国宝，吕秋瑾，彭群 . 1999. 谷物联合收割机结构与使用维修［M］. 北京：金盾出版社 .
贾成祥 . 2004. 农产品加工机械使用与维修［M］. 合肥：安徽科学技术出版社 .
江苏扬州水利学校，等 . 1974. 农用水泵［M］. 北京：水利电力出版社 .
李宝筏 . 2003. 农业机械学［M］. 北京：中国农业出版社 .
李富五 . 2009. 旋耕机的常见故障及排除方法［J］. 农机使用与维修（6）.
李锦泽，李志红，侯桂风，等 . 2007. 耕作机械现状及发展对策［J］. 农机化研究（5）.
刘燕，李良波，彭卓敏 . 2012. 植保机械巧用速修一点通［M］. 北京：中国农业出版社 .
刘肇玮，等 . 1988. 排灌工程系统分析［M］. 北京：水利电力出版社 .
鲁直雄 . 2010. 排灌机械巧用速修一点通［M］. 北京：中国农业出版社 .
农业部农民科技教育培训中心，中央农业广播电视学校 . 2011. 收获机械使用与维修［M］. 北京：中国农业出版社 .
邱永兵，吴超机，张玉峰 . 2006. 5TG-200 脱粒机的研制［J］. 装备制造术（2）：50-52.
沈阳农业大学 . 2003. 农业机械学［M］. 北京：中国农业出版社 .
施均亮，等 . 1979. 喷灌设备与喷灌系统规划［M］. 北京：水利电力出版社 .
施森宝 . 1984. 排灌机械［M］. 北京：科学普及出版社 .
田辉，于恩中 . 2012. 播种机维修［M］. 郑州：中原农民出版社 .
汪金营，胡霞 . 2009. 小麦播种收获操作与维修［M］. 北京：化学工业出版社 .
王金艳 . 2011. 圆盘耙作业时容易出现的问题及解决方法［J］. 现代农业装备（11）.
王忠群 . 2000. 植保机械的使用与维修［M］. 北京：机械工业出版社 .
吴尚清，李尚编 . 2011. 农产品加工机械使用与维修［M］. 北京：中国农业科学技术出版社 .
梧桐林 . 1999. 植保机械使用与维修［M］. 郑州：中原农民出版社 .
武汉水利电力学院，等 . 1977. 机电排灌设计手册：上册［M］. 水利电力出版社 .

武汉水利电力学院．1978. 农田水利：下册［M］．北京：人民教育出版社．

许一飞，等．1989. 喷灌机械原理、设计、应用［M］．北京：中国农业机械出版社．

余永昌．1998. 联合收割机的使用与维修［M］．郑州：河南科学技术出版社．

袁栋，丁艳，彭卓敏，等．2010. 播种施肥机械巧用速修一点通［M］．北京：中国农业出版社．

**图书在版编目（CIP）数据**

农机推广应用新技术/袁水珍主编．—北京：中国农业出版社，2017.8（2019.6 重印）
新型职业农民示范培训教材
ISBN 978-7-109-23017-0

Ⅰ.①农… Ⅱ.①袁… Ⅲ.①农业机械化—技术推广—新技术应用—技术培训—教材 Ⅳ.①S232.9

中国版本图书馆 CIP 数据核字（2017）第 133892 号

中国农业出版社出版
（北京市朝阳区农展馆北路 2 号）
（邮政编码 100125）
责任编辑 郭晨茜 钟海梅

---

北京中兴印刷有限公司印刷 新华书店北京发行所发行
2017 年 8 月第 1 版 2019 年 6 月北京第 2 次印刷

---

开本：720mm×960mm 1/16 印张：10
字数：168 千字
定价：25.50 元